流域水循环与水资源演变丛书

华南区域非平稳径流过程
及水生态效应

张　强　顾西辉　孙　鹏　史培军　著

科学出版社

北　京

内 容 简 介

　　水文过程的非平稳性及其模拟与生态水文效应已成为水文科学研究及水资源管理的热点与学术前沿。本书是在华南湿润区地表径流过程非平稳性时空特征及其水生态效应多年系统研究的基础上进行总结与提炼而形成的系统性学术成果，全面揭示了气候变化和人类活动影响下水文过程的时空规律，从全国尺度和流域尺度系统评价了水文过程变异可能对水生态系统及水生物多样性的影响。针对变化环境下极端水文过程的洪水量级和频率变化特征，初步构建了非平稳性识别、非平稳性洪水频率分析模型和非平稳性重现期计算方法等一套适应变化环境的水文频率分析理论体系。

　　本书可供从事水文学及水资源学、水文极值分析、水利工程防洪安全与管理及从事洪旱灾害管理与调控的科研与管理人员参考，希望本书的出版有助于进一步推动我国洪旱灾害风险评估、水利工程设计标准设定等方面的理论研究和技术研发。

审图号：GS（2018）3440 号

图书在版编目（CIP）数据

华南区域非平稳径流过程及水生态效应/张强等著. —北京：科学出版
社，2017.12

　　（流域水循环与水资源演变丛书）

　　ISBN 978-7-03-056067-4

　　Ⅰ．①华… Ⅱ．①张… Ⅲ．①区域水文学–研究–中南地区
Ⅳ．①P344.26

中国版本图书馆 CIP 数据核字（2017）第 314957 号

责任编辑：周　丹　夏　磊/责任校对：彭　涛
责任印制：张克忠/封面设计：许　瑞

科　学　出　版　社 出版
北京东黄城根北街16号
邮政编码：100717
http://www.sciencep.com

三河市春园印刷有限公司 印刷

科学出版社发行　各地新华书店经销

*

2017 年 12 月第 一 版　　开本：720×1000　1/16
2017 年 12 月第一次印刷　　印张：11 1/4
字数：225 000

定价：128.00 元
（如有印装质量问题，我社负责调换）

前　言

　　珠江流域位于中国南方，濒临南海，河川纵横，水汽来源充足，雨量丰沛。受季风、热带气旋入侵和地形起伏影响，珠江流域雨量在时间和空间上分配不均匀，从而成为暴雨洪涝多发区。过去几十年，珠江流域相继发生了几次超 50 年一遇的灾难性大洪水。1994 年 6 月，北江和西江（珠江流域的主要支流）发生了 1950 年以来最大的一次洪水，造成 369 人死亡，直接经济损失达 174.74 亿元；1998 年 6 月，珠江流域发生了另一次全流域性大洪水，造成 175 人死亡，直接经济损失达 160.60 亿元；2005 年 6 月，西江中下游发生超 100 年一遇洪水，造成 131 人死亡，直接经济损失达 135.95 亿元。

　　作者及其研究团队多年来一直致力于洪旱灾害演变规律及其风险评估问题的研究，近年来在国家杰出青年科学基金项目"流域水循环与水资源演变"（51425903）及其他国家自然科学基金项目的资助下，围绕华南湿润区径流过程非平稳性时空特征及其水生态效应开展全面、系统的研究，取得了一系列创新成果。这些成果深入详细地呈现了华南湿润区径流过程的非平稳性时空规律及其对生态系统的影响，构建了一套洪水极值非平稳性识别、非平稳性洪水频率分析模型和非平稳性重现期计算方法等适应变化环境的水文频率分析理论体系。本书即是上述研究成果的系统总结。

　　全书共分为七章，分别介绍了本书研究开展的背景及国内外研究进展、洪水极值实测和历史时期时空变化特征、洪水极值与登陆热带气旋的联系、洪水极值受低频气候变化的影响、非平稳性洪水频率分析及防洪风险评估、水库调节对洪水频率分析的影响和径流过程非平稳性对水生态多样性的影响。书中引用了国内外多位专家学者的成果，已在每章的参考文献中列出。

　　径流过程非平稳性及其水生态效应涉及水文水资源学、工程水文学、生态学等多个学科，由于作者学识水平与工程实践经验有限，书中难免存在不足之处，恳请读者不吝赐教。

作　者

2017 年 8 月

目　　录

第1章 绪 论

1.1 研 究 背 景

陆地水文系统对全球变化的响应与适应性是当今全球变化、气象水文学研究的热点与学术前沿[1-3]。观测和数值模拟结果均表明 20 世纪以来全球径流增加显著[4]，但是由于气候、大气、土壤和植被的相互作用与联系同样能够导致水循环动态变化，因而难以确定 20 世纪以来径流增加是气候因子还是人类活动引起的。径流的长期趋势变化取决于降水和蒸发的平衡。蒸发不仅受到气候因子的影响，如温度、风速、地面湿度和太阳辐射等，还受到植被的生理成分（如气孔）与结构特征的影响（如叶面积指数）[5]。因此 Gedney 等认为温室气体浓度增加导致植被气孔缩小，降低了植被的蒸腾作用，从而引起全球径流增加[5]。然而 Piao 等认为气候和土地利用变化对全球径流的影响明显高于温室气体浓度上升带来的影响[6]。

地表水文过程对人类健康、社会经济、生态系统功能及地球物理过程具有重要作用。在气候变化和人类活动影响下，世界上众多江河的水文过程也发生了显著变化。到 2050 年，非洲东部赤道区域、拉普拉塔河盆地与北美和欧亚大陆的高纬区域径流将增加 10%~40%；非洲南部、欧洲南部、中东和北美西部中纬度区域将降低 10%~30%[7]。中国长江流域径流呈轻微的上升趋势，而黄河流域径流呈明显的下降趋势[8]。

一方面，水文过程的改变对水生态系统的影响引发了越来越多的关注和重视[9]。在非洲，降水减少 10%将导致流域面积减少 17%，这对水生态系统和人类生存是严峻的威胁[10]。在美国，已建设的大量水利工程（如水库、大坝等）极大地改变了流域水文过程，造成流域间水文过程的差异性减小，越来越趋于均一化，不利于水生态系统的多样性发展[11]。单个大型水利工程通过调蓄河道径流对下游生态需水产生明显影响[12-14]，如三峡水利枢纽工程改变了下游河道生态需水过程，影响水生态系统的健康发展[12]。

另一方面，全球变暖导致湿润区和干旱区极端降水强度增加，极端降水次数更频繁[15,16]。随着全球持续变暖，极端降水也在持续加强[15,16]。加强的极端降水引发洪涝灾害等极端水文事件的风险也随之上升[17]。若不采取进一步行动，至 21 世纪末全球洪水造成的损失可能会比当前增加 20 倍，而且社会经济增长也加大了洪水造成的损失[17]。就中国而言，洪水威胁也随着全球气候变化变得更加严峻[18,19]。陈晓宏等指出中国华南湿润区的一些河流几乎年年出现超过 20 年一遇甚至 50 年一遇的洪水[18]；陈亚宁等发现位于中国西北干旱区的新疆洪水发生频率增加，洪峰流量增大[19]。

Winsemius 等指出考虑到洪水发生风险在不断增加，因而需要持续进行水利工程等基础设施建设[17]。基于传统频率分析方法计算的水利工程设计标准是确定水利工程建设规模和制定管理运行策略的重要依据。采用传统频率分析方法的潜在假设是洪峰序列满足平稳性要求。然而在变化环境下，由于洪峰序列发生了"突变"或具有"显著趋势"等特征[20]，平稳性假设已经"死亡"[20,21]。这意味着采用传统频率分析方法设计的水利工程可能无法满足未来防洪需求，将面临由变化环境带来的风险[21]。叶长青等研究了珠江流域主要支流东江流域洪水风险的变化特征，发现基于传统频率分析方法得到的 100 年一遇洪水设计值，均表现出其重现期由水利工程建设前小于 100 年一遇到 2000 年后的大于 400 年一遇[22]，用水文情势发生变化前估计的洪水重现期不能很好地描述变化后的洪水频率特征[23]。因此，构建适应变化环境下的非平稳性洪水频率分析模型及重现期评估方法是工程水文学领域的关键科学问题，具有重要的现实意义。

1.2　研究目的和意义

珠江流域灾难性大洪水的频繁发生给防洪救灾带来了严峻的挑战[24,25]。Hallegatte 等评估了全球 136 个主要沿海大城市的洪水灾害损失，位于珠江三角洲的广州市和深圳市由洪水造成的损失排在全球前 20 名[26]。

水汽输送对珠江流域地表径流过程，尤其是对洪水等极端事件有重要影响。多样各异的气象、水文和气候学机制均影响着水汽输送，如热带气旋、对流、雷暴、锋区通道、海洋表面温度（sea surface temperature，SST）异常等。根据时间和空间尺度上的差异，这些机制可以分为两类："直接的"因素（直接和立即起作用的气候因子）和"根本的"因素（在更大和更长的尺度上起作用的气候机制）[27]。从 4 月开始，来自海上的暖湿气流经常成为控制珠江流域水文过程变化的主导因子，它与南下的冷空气遭遇形成冷锋和静止锋，常带来暴雨和大暴雨。5~6 月，强劲的西南季风暴发并控制华南地区，锋面类暴雨增多，雨量加大。7~10 月暴雨主要受到热带系统如热带气旋的影响。这些引发暴雨进一步诱发洪水的对流、雷暴和热带气旋等气候因子均可归为"直接的"因素。然而这些"直接的"因素又受到"根本的"因素的影响，如珠江流域锋面类暴雨又受到西太平洋副热带高压西伸北抬、印度洋孟加拉湾低槽不断向东扩展的影响[28]。而且西南季风和热带气旋均与 SST 异常有密切联系[29,30]。

人类活动（如水库、大坝、城市化等）对珠江流域地表水文过程包括洪水等极端水文事件也有重要的影响。珠江流域各类蓄水工程的总调节库容为 256 亿 m³，加上大型发电型水库，总调节库容达到 473 亿 m³。流域开发程度较高的区域主要位于西江干流红水河、北江干流中游和东江流域。大型水利枢纽一方面提高了流域的防洪标准和抵御洪水的能力，另一方面也改变了珠江流域的水文情势和水生生物环境。梯级水电水能开发通过改变水生生物生存环境、阻断鱼类洄游通道等使水生态结构和功能发生变化，影响水生物的多样性[31]。

　　综上所述，在珠江流域面临严峻的洪水灾害威胁背景下，首先研究了珠江流域在近 60 年实测期与近 1000 年历史记录期中洪水量级和频率时空的变化特征，探讨科学问题 1（珠江流域实测和历史时期洪水量级和频率如何变化）。进一步调查了"直接的"气候因子（登陆热带气旋）和"根本的"气候因子（海洋表面温度异常）与洪水时空特征的联系，探讨了科学问题 2（珠江流域地表水文过程变化背后的气候成因机制）。接着修正了传统频率分析下的"极值理论"，包括 T 年一遇设计值、重现期等，探讨了科学问题 3（变化环境下非平稳性洪水频率分析理论与方法及其对水利工程防洪的影响）。为提高流域防洪标准，修建了大量的水利工程，这些工程虽然满足了抵御洪水的需求，但是不可避免地影响了流域生态系统健康。因此，本书最后关注了水利工程对珠江流域地表径流过程的影响，评价了水利工程影响下地表径流在时间和空间上的均一化特征及水生物多样性的变化，探讨了科学问题 4（人类活动对地表水文过程的影响及其水生态效应）。该项研究对于科学理解当前气候变化和人类活动双重影响下，珠江流域防洪救灾、水利工程采用合理设计标准及水生态环境演变有一定的科学与现实意义，为珠江流域防灾减灾、提高水利工程安全水平和水生态系统保护提供一定的依据。

1.3　国内外研究进展

1.3.1　洪水时空变化特征

　　全球不同区域洪水特征对气候变化具有不同的响应特征。一般通过分析洪水量级、频率、历时与峰现时间等要素评价洪水时空特征。Kundzewicz 等研究了全球 195 个流域的实测洪水，发现在 20 世纪只有 27 个流域洪水量级增加，31 个流域洪水量级显著减少，剩余的 137 个流域洪水量级无趋势性变化[32]。Zhang 等对 1847~1996 年加拿大南部天然流量的研究表明，气温升高，蒸发加大，而降水量不变导致年最大日流量减少 29%[33]。Schmocker-Fackel 和 Naef 根据 1850 年以来瑞士发生的洪水事件，指出 1968 年以后洪水发生越来越频繁[34]。Mallakpour 和 Villarini 则发现美国中部区域洪水量级没有显著趋势性变化而洪水频率显著增加[35]。Yang 等指出气候变暖和城市化导致美国中西部上游区域洪水发生时间明显提前[36]。Villarini 分析了美国洪水发生的季节性特征，并指出洪水发生的季节性没有明显的趋势性变化，人类活动如兴建水库、城市化等倾向于导致洪水发生时间在分布上更广泛[37]。与洪水量级、频率和峰现时间等特征相比，以往有关洪水历时变化的研究较少。Kimberley 等分析了爱尔兰洪水历时的变化特征及其对地表土壤性质的影响[38]。

国内学者对我国不同区域的洪水特征也开展了一系列研究。郝振纯等分析了三种典型气候模式排放情景下淮河流域洪水量级的变化特征[39]。胡春宏和张治昊分析了黄河下游洪水水位在河道萎缩过程中的变化特征，认为洪水水位与河道萎缩程度之间呈非线性关系[40]。陈璐等构建了长江宜昌站洪水量级和发生时间的联合分布，分析了干支流的洪水遭遇特征[41]。陈亚宁等指出气候变化对新疆区域水循环有明显影响，1990 年以来新疆大部分河流春汛提前，夏汛推后，洪峰量级增加，洪水发生次数明显增多[42]。就珠江流域来看，吴志勇等发现 1980 年以来，珠江流域极端洪水事件发生的频次明显增加，尤其是自 1990 年以来增加趋势显著[43]。肖恒等评估了 IPCC RCP4.5 情景下未来 30 年珠江流域洪水对气候变化的响应，认为 2011~2040 年洪峰流量及洪水总量在西江及粤西桂南沿海诸河可能呈增加的趋势[44]。

总体来看，国内外学者对全球不同区域洪水特征及其趋势变化开展了充分的研究。全球气候变化研究的重要目标之一是提高对洪水特征变化趋势的理解[45]。这对适应洪水变化，了解其对公共政策、基础设施和生态系统带来的影响提供了基本信息。了解过去的洪水变化特征有助于评价现在使用的减轻洪灾损失和提高洪水适应性模型的有效性，因此进一步开展珠江流域洪水量级和频率变化特征的检测，有利于加强人们对珠江流域洪水灾害的了解，扩展相应的洪水信息知识。

1.3.2 登陆热带气旋及其对洪水的影响

研究洪水变化特征及其背后成因机制有助于扩展人们对洪水变化特征的理解。登陆热带气旋往往带来暴雨，是沿海乃至内陆区域洪水发生的气候成因之一。热带气旋是在热带海洋上生成，绕着其中心强烈旋转，同时又向前移动的空气涡旋，一般在北半球做逆时针旋转，在南半球做顺时针旋转。中国 1989 年以前把热带气旋分为热带低压（中心附近最大风力 6~7 级）、台风（最大风力 8~11 级）、强台风（最大风力大于等于 12 级）。为了同国际接轨，中国自 1989 年起将热带低压、台风、强台风等统称为热带气旋[24]。

Knight 和 Davis 分析了热带气旋对美国东南部极端降水事件的影响，发现热带气旋引发的极端降水量占总极端降水量的比例呈显著增加趋势，大概每十年增加 5%~10%[46]。Villarini 和 Denniston 分析了热带气旋对澳大利亚极端降水的影响，发现澳大利亚西部地区极端降水的 60%~100%是由热带气旋引发的[47]。Villarini

等则进一步分析了登陆热带气旋与洪水的联系，发现登陆热带气旋通过引发的降水对洪水时空特征具有明显的影响[48]。而且登陆热带气旋引发的洪水具有明显的季节性特征，也是洪水混合产生机制之一，其对洪峰极值分布参数也有明显的影响[49]。最近研究还表明登陆热带气旋引发的洪水事件不仅分布在沿海区域，还进一步深入到内陆区域[50]。

国内学者更侧重热带气旋个例对极端降水和洪水事件的影响。申茜等基于台风影响指数分析了近海台风对中国东部夏季降水的贡献[51]。王胜等分析了安徽省台风降水气候特征及其对农业的影响，发现安徽省台风降水南部多于北部，山区多于平原[52]。丁德平和李英分析了台风影响北京降水的气候学特征，并以 8407 号和 0509 号台风为例对其影响的降水过程进行比较[53]。在具体台风事件对降水过程的影响机理方面，陈镭等分析了台风"桑美"登陆前后距台风中心 111km 以内的降水结构及其时空演变特征[54]；黄新晴等分析了 2007 年台风"罗莎"能量频散的波动特征及其对浙江远距离降水的影响[55]。相比于台风对降水影响的研究，我国学者对台风与洪水事件的联系研究较少。林荷娟等分析了 2013 年第 23 号台风"菲特"对太湖流域洪水运动的影响，发现在强风、暴雨、高潮及洪水遭遇下，太湖流域河网水位、沿江沿海潮位迅速上涨，洪涝灾害威胁扩大[56]。胡四一等基于 Copula 函数分析了台风与梅雨的遭遇概率，以期对太湖流域设计暴雨调整、洪水资源利用方案与防洪实时调度决策提供依据[57]。殷杰等在六种重现期情景下模拟台风引起的风暴潮对上海地区淹没范围的影响[58]。

珠江流域处于西北太平洋热带气旋登陆亚洲大陆的主要出入口，海岸线（不包括岛屿）长达 3368km。热带气旋生成后受西太平洋副热带高压南缘偏东气流引导，从东向西和西北方向移动，多经巴士海峡进入南海后直逼广东省和海南省沿海。热带气旋从 5 月开始登陆广东省，随着时间推移，西太平洋副热带高压西伸和北抬，登陆位置有自东向西转移的趋势。在华南沿海登陆的热带气旋绝大多数都能带来暴雨，70%能造成大暴雨或特大暴雨[21]。因此分析珠江流域洪水事件与登陆热带气旋的联系具有重要的意义。

1.3.3 海洋表面温度异常与地表径流过程的遥相关

热带气旋通过影响水汽输送从而影响地表径流，甚至影响极端水文事件，如洪水。海洋表面温度（SST）异常则在更大、更长的尺度上影响水汽输送，进而影响全球气象水文过程。大气和海洋组成了一个动态系统，耦合变化，从而控制着整个地球的气候[59]。大气海洋在不同的时间尺度上耦合变化，如年内、年际、年代际等[60]。与天气或季节性气候变率等高频相反，SST 异常称为低频气候变化。大气海洋系统中的低频气候变化影响着大气中的水汽输送，是气候变化的一个重要原因。气候变化能够影响和控制急流及风暴路径，从而生成极端水文事件，如暴雨、洪涝等[61]。

大尺度气候指标,如厄尔尼诺-南方涛动(El Niño-southern oscillation,ENSO)、北大西洋涛动(north Atlantic oscillation,NAO)、印度洋偶极子(Indian Ocean dipole,IOD)和太平洋年代际震荡(Pacific decadal oscillation,PDO)等,具有在一定程度上描述低频气候变化时空作用的潜能,能够反映出大西洋、太平洋和印度洋等 SST 异常对气候的影响。大量研究已经调查了低频气候变化与水文过程之间的关系。Ward 等认为 ENSO 是反映气候变率最有优势的年际信号,并对全球大部分区域气候具有强劲的影响,与全球的洪水灾害和洪水风险有紧密联系[62,63]。Bouwer 等调查了 NAO 对欧洲径流的影响,发现年最大流量相比年平均流量对大气循环的变化更敏感[64]。Niu 等基于小波相干和秩次相关的方法调查了 IOD 与中国南方径流和土壤湿度的关系,发现中国南方径流和土壤湿度的决定性变化基本上都与 IOD 相关[65]。Ouyang 等分析了 ENSO、PDO 及二者联合对中国降水和径流的影响[66]。低频气候变化还通过影响热带气旋作用于极端水文事件。Villarini 和 Denniston 发现热带气旋引发的极端降水更倾向于出现在 La Niña 年份(ENSO 冷事件)[47]。Villarini 等进一步调查了登陆热带气旋引发的洪水事件与 ENSO 和 NAO 的关系[48]。

国内学者也开展了低频气候变化对中国不同区域气候的影响,相关研究多集中在降水、温度等方面[67-69]。相比之下,国内较少关注大尺度气候指标与地表水文过程的联系。黄强等分析了 ENSO 事件对渭河干流径流变异的影响[70]。王根绪等认为 ENSO 暖事件倾向于减少黄河源区径流量,冷事件则相反[71]。李红军等采用小波、交叉小波多尺度分析等方法调查了阿克苏河天然径流和 NAO 的关系,认为 NAO 以大气环流为介质,通过影响温度和降水来影响径流[72]。张瑞等发现 PDO 与长江入海径流量有较高的相关性[73]。可能由于数据的限制,国内学者往往较少开展全流域尺度上低频气候变化与地表径流过程关系的研究。

1.3.4 人类活动对径流过程的影响及其水生态效应

地表径流过程不仅受到气候变化的影响,还受到人类活动如大坝、水库、城市化等的干扰。Nilsson 等认为全球大流域河流系统中一半以上受到大坝影响;受到大坝影响的流域比大坝影响较小的流域有着更高的灌溉压力和大概 25 倍的经济活动程度[74]。Oki 和 Kanae 则指出尽管自然和人工修建的水库储水能够为人类社会增加可利用水资源,但是因此带来的河流流态变化应该成为水资源评价中的重点关注问题[75]。大坝、水库等人类活动对流域径流过程的改变已获得较广泛的研究。Matteau 等基于多元统计分析评价了加拿大魁北克地区大坝对水文过程的影响[76]。Tomer 和 Schilling 基于水量平衡方程评价了气候变化和土地利用对流域水文过程的影响[77]。Yang 等分析了城市化对流域洪水过程的影响[36]。还有一些学者关注由人类活动改变河流流态引发的水生态效应。Vogel 等研究了水库调度方式对河道流量的影响，并提出广义生态指标用来评价水库调度对水生态机制的影响[78]。Shiau 和 Wu 探讨了满足河道生态需水的水库调度方式[79]。Yang 等基于数据挖掘方法建立了河流水文指标与水生物多样性和丰富度的关系[80]。Black 等基于 32 个水文变化指标（IHA32）构建了水库引起的河流水生态系统健康评价等级[81]。

国内学者也广泛开展了人类活动对径流过程影响的研究。陆国宾等分析了汉江中下游径流受丹江口水库的影响[82]。郭军庭等基于 SWAT 模型定量给出了土地利用和气候变化对潮河流域径流的贡献率[83]。高晓薇和刘家宏基于 SCS 模型分析了深圳市城市化对河流水文过程的影响[84]。在人类活动对径流改变引起的水生态效应方面，韩帅等分析了水库调度对大坝下游河道生态径流的影响[85]。张正浩等基于 Copula 函数分析了丰枯遭遇条件下辽河流域水库调度对河道生态径流的影响[86]。李剑锋等研究了水文变异对黄河干流河道内生态需水的干扰[87]。孙艳伟等聚焦城市化影响下的生态水文效应，认为城市化通过改变径流特性，从而影响水生态系统的完整性和多样性，进而带来负面作用[88]。

1.3.5 非平稳性洪水频率分析理论与方法

在气候变化和人类活动影响下，河道内径流过程发生了显著变化。然而过去几十年水利工程设计标准依赖于径流序列的平稳性假设：天然河流在严格的变化范围内正常波动。人类活动如水利工程设施、河道整治、土地利用和土地覆盖变化等影响洪水发生风险、河道供水和水体质量，干扰了水资源管理系统的平稳性假设。海洋和冰原的缓慢动态变化加剧了自然气候变化和低频气候变化[89,90]，这两个外在条件（有时难以进行区别）也对平稳性构成了挑战[21]。

为此在 2010 年 1 月，水文学家、气候学家和工程学家等齐聚美国博尔德市商讨水文过程平稳性假设是否"死亡"及其对水资源设计和规划带来的影响[91]。然而此次会议并没有达成是否用非平稳性假设代替平稳性假设的共识。一方面，水文学家对收集的数据显示河流呈显著性变化特征持怀疑态度。另一方面，气候学家指出气候变化和呈现的转折现象表明未来洪水和干旱等极端气候更加复杂和混乱。所以此次会议指出研究者需要付出更多的努力来探索水文水资源系统中平稳和非平稳性变化，并为水资源管理、规划、设计和运行提供更多可靠的信息。

1. 洪峰序列非平稳性识别

准确判断洪峰序列是否满足平稳性假设，是水资源系统设计和规划的基础。Salas 定义洪峰序列具有以下特征则满足平稳性假设：不存在显著趋势、变异和周期性[92]。因此，目前很多研究者通过检测洪峰序列是否存在显著趋势或变异特征来判别是否满足平稳性假设。Villarini 等检查了美国 50 个站点 100 年以上洪峰序列的趋势和变异特征来判别其平稳性假设[93]。以同样的方式，他们又判别了奥地利洪峰序列的平稳性假设是否得到满足[94]。国内学者以相似的方式也开展了大量的研究[95,96]。然而洪峰序列的尺度特征使得上述平稳性定义变得极有争议。另一种观点认为广泛存在的长期持续性效应使得洪峰序列出现的显著趋势或变异特征在更长的时间尺度上可能是正常波动[97,98]。由于实测洪峰序列往往只有几十年，最多不过上百年，因此仅仅检测趋势和变异特征对于判别平稳性假设是否合理是不够的，还需要进一步检测洪峰序列的长期持续效应。

洪峰序列趋势、变异和长期持续效应检测方法较为丰富。在时间趋势检测方面，由于非参数方法不用假设服从某一分布且对序列中异常值不敏感，因此被广泛应用，主要有 Mann-Kendall（MK）法[99]、线性趋势相关系数检验法[100]、Spearman 秩次相关系数检验法[101]和 Kendall 秩次相关检验法[102]等。变异点检测方法多达几十种，雷红富等采用数值模拟的方法对其中十种变异点检测方法的性能进行了比较[103]。无论是趋势检测方法，还是变异点检测方法，由于不同方法的检测原理不同，并且受本身局限性等的影响，往往检测结果有差异，因此通常采用多种方法进行集成检测，综合判定洪峰序列的趋势和变异特征[104]。长期持续效应的检测方法也多达十几种，Montanari 等也通过数值模拟的方法比较了不同方法的检测性能[105]。

2. 传统洪水频率分析方法

传统频率分析方法又称经典频率分析，在过去几十年常用于水利工程等水文水资源系统的设计和规划。从统计上看，传统频率分析需要对满足独立同分布的数据进行拟合，来计算洪水重现期和设计流量[106,107]。洪水频率分布线型超过 20 种，从参数数量上可分为：两参数极值分布、三参数极值分布和多参数极值分布（超过三个参数）。多参数极值分布由于参数较多，在拟合中不确定性较大，因此较少使用。常用的两参数极值分布函数有对数正态分布、Logistic 分布、Gumbel 分布、Weibull 分布等；常用的三参数极值分布有广义极值分布、Pearson-Ⅲ型分布、广义 Logistic 分布、广义 Pareto 分布等[108]。从曲线类型上可分为：正态分布族、广义极值族、Pearson-Ⅲ 分布族和广义 Pareto 分布族。世界上各个国家根据实际洪峰特征，分别推荐了最适合的分布线型，例如，美国和澳大利亚推荐采用对数 Pearson-Ⅲ型分布，中国则推荐采用 Pearson-Ⅲ型分布。实际上，同一国家不同地区河流的洪水特征也不尽相同，因此在具体研究中需要根据参数估计和分布选择准则选择最优拟合分布线型。

传统频率分析的参数估计主要采用矩法和最大似然估计法[107]。近些年来，L-矩法由于其稳健性和无偏性，在极值分布参数估计中广泛使用[109]。在完成极值分布参数估计后，需要采用一些准则判断最优极值分布函数。极值分布函数拟合优度检验方法有多种，如 AIC（Akaike information criterion）、AICc（corrected AIC）、概率曲线相关系数（probability plot correlation coefficient，PPCC）、Kolmogorov-Smirnov 检验等[110]。需要指出的是不同的检测方法对于同一洪峰序列选择的最优极值分布函数可能不同。

3. 非平稳性洪水频率分析

针对洪峰序列中由于显著趋势或变异带来的非平稳性特征，一些学者提出了作为相应解决方案的非平稳性洪水频率分析方法。针对洪峰序列中存在的显著趋势特征，Vogel 等提出了一个两参数对数正态分布模型，考虑了水文趋势对洪水频率分析的影响[111]。叶长青等构建了四种趋势模型，评价了洪峰序列水文统计特征变化对洪水频率分布参数的影响[22]。针对洪峰序列中存在的显著突变特征，多以突变点为时间序列分割点，将洪峰序列分为突变前、突变后两个子序列，并认为分割后的两个子序列均满足平稳性假设，分别采用传统的频率分析方法进行分析[98, 112]。此外，冯平等则用考虑洪峰序列变异的混合分布进行洪水频率分析[113]。谢平等综合考虑了洪峰序列中的水文统计特征，将其分为相对一致的随机性成分和非一致的确定性成分，采用分解-合成方法进行非平稳性洪水频率分析[114]。洪水过程包含多种要素，不仅包括洪峰，还包含洪量、历时等要素，考虑多变量的非平稳性洪水频率分析也得到了相应开展[115,116]。

国内学者主要关注洪峰序列的水文统计特征本身对洪水频率分析的影响，包括非平稳性在洪峰极值分布参数估计中导致的不确定性[117]。相比之下，国外学者较为关注外部驱动机制对洪水过程的影响及如何构建考虑外部因素的非平稳性洪水频率分析模型。Polemio 和 Petrucci 将降水和温度因子纳入到非平稳洪水频率分析框架中，并在意大利南部流域进行了应用[118]。Villarini 等将低频气候变化如 NAO 等纳入非平稳性分析框架，分析自然气候变率对洪水频率分析的影响[94]。López 和 Francés 构建了反映水库对洪水过程影响的指标，并分析了水库对西班牙洪水频率分析的影响[119]。Villarini 等选择了受城市化主导影响的小流域，采用人口数量反映城市化程度，并分析了城市化对洪水频率的影响[120]。Gilroy 和 McCuen 则构建了考虑气候变化和土地利用的非平稳性洪水频率分析模型[121]。考虑外部驱动因子的洪水频率模型更具有物理机制，从而对预测未来洪水频率变化特征，调整水利工程设计标准，增强水资源系统对未来气候变化和人类活动适应性提供一定的参考。

1.4 当前研究存在的问题

随着全球变化对水文过程影响研究的深入，气候变化和人类活动引起的地表径流过程呈现非平稳性变化及其水生态效应逐渐成为水文水资源领域研究的热点。尽管以往的研究已取得大量成果，然而在中国南方湿润区，相关的研究还存在一些不足，主要体现在以下几个方面：

（1）历史时期流域性大洪水发生风险变化的研究有待进一步提高。关于流域洪水量级和频率变化特征的大多数研究是基于站点观测的流量序列。然而现有水文观测序列往往较短，只有几十年，最长时间尺度不过百年。仅仅检测观测序列洪水量级和频率变化特征对于认识洪水变化规律会导致偏差。因此需要结合历史时期洪水量级和频率信息，在更长的时间尺度上分析洪水演变特征。通过比较观测序列在历史时期中处于何种水平，有助于准确认识近几十年来洪水特征是否发生了显著变化。

（2）登陆热带气旋与洪水的联系有待进一步加强。登陆热带气旋往往在短时间内带来暴雨乃至特大暴雨，极易导致洪水发生。然而以往研究多分析降水等气候变化对洪水过程的影响，似乎忽视了登陆热带气旋这一重要的气候因素。中国南方湿润区是我国热带气旋登陆次数最多、最频繁的区域，常引发严重的洪涝灾害。因此研究登陆热带气旋与洪水的联系对于防洪救灾具有重要的意义。

（3）低频气候变化在流域尺度上对水文过程的影响有待进一步认识。以往研究发现流域洪水量级和频率发生了变化，并注意到这些变化与极端降水量级和频率变化有紧密联系。然而可能忽视了接下来的问题：为什么极端降水及随之而来的洪水量级和频率发生了变化？一个假设是与大西洋、太平洋和印度洋相关的气候系统中的自然变率能够影响极端降水和洪水量级及频率变化。因此探讨低频气候变化在流域尺度上影响水文过程的规律，为径流模拟和预测提供了一定的理论基础。

（4）人类活动对全国尺度径流时空均一化的影响有待进一步评价。在生态文明建设日益重要的情况下，如何整体评价全国尺度上已修建的大型水利工程可能对水生态造成的影响一直是一个难点。在维持河湖必要的流量和水位基础上，季节性的水文过程波动和流量水位涨落变化对于河湖栖息地至关重要。流量过程的脉冲性为大量水生生物提供了生命节律信号，如长江四大家鱼在洪水上涨期产卵达到高峰。超量取水造成河湖枯竭，水库调节使流量过程均一化及洪水脉冲过程削弱，都会导致淡水生态系统不同程度的退化。因此研究全国尺度上河流水文过程时空均一化特征，是评价大型水利工程对水生态影响的基础。

（5）水利工程对河流流态改变引起的水生物多样性变化需要进一步评价。

多数研究通过生态需水变化分析水利工程对水生物多样性的影响。然而河道径流特征复杂多样，有 170 多个指标从不同角度反映河流流态变化情况。仅仅分析水利工程引起的生态需水变化，既不能定量给出水利工程引起的河道水生态健康风险等级，也不能直观反映水生物多样性的变化程度。如何尽可能全面反映水利工程对河流流态的改变，定量评价这种改变引发的水生态健康风险等级及水生物多样性变化程度，有待进一步深入研究。

（6）洪峰序列尺度特征对于非平稳性造成的影响需要进一步厘清。实测洪峰序列时间尺度往往只有几十年，大量研究仅通过检测趋势或变异等水文统计性质判断是否满足平稳性假设要求，却忽视了长期持续效应对洪峰序列趋势或变异的影响。洪峰序列在观测时期内如存在显著趋势或变异特征，也可能在更长的时间尺度上是正常波动。因此加强洪峰序列的长期持续效应检测，对于准确判定平稳性假设是否适用具有重要的意义。

（7）外部驱动机制在非平稳性洪水频率分析中的作用有待进一步分析。对观测洪峰序列进行洪水频率分析，可以反映已发生的洪水风险变化。显然采用这种非平稳性洪水频率分析方法，没有考虑外部驱动因子对洪水频率分析的影响。将影响洪水过程的物理机制纳入非平稳洪水频率分析模型中，不但使得洪水频率分析具有物理成因意义，还能够在一定程度上使得非平稳洪水频率分析随环境变化而变化，对未来洪水风险变化具有一定的预测和适应能力。因此如何考虑洪水过程的成因机制，使得极值概率分布适应环境变化，有待进一步深入研究。

（8）非平稳条件下传统重现期定义的适用性有待进一步研究。气候变化和人类活动使河流水文情势发生了改变，导致传统的重现期概念可能不再适用。平稳性条件下，洪峰序列满足独立同分布假设，即洪水事件相互独立且每年超过概率相等。非平稳性条件下，独立同分布假设不再满足，即洪水事件每年超过概率随时间而变化。如何基于经典重现期定义，构建非平稳条件下重现期计算理论和方法，是非平稳洪水频率分析在水利工程等设计和规划中的应用基础。

1.5　研究内容及框架

1.5.1　研究内容

（1）实测和历史时期洪水量级及频率变化特征分析。分析流域性大洪水在发生时间和空间上的聚集特征。通过比较实测期和历史时期灾难性流域性洪水发生风险的大小，揭示洪水演变规律。

（2）通过建立登陆热带气旋和洪水的气候学联系，归类洪水的季节性规律和混合产生机制，分析登陆热带气旋对洪水频率时空特征的影响。

（3）探讨低频气候变化对水文过程的影响。通过旋转正交分解降低洪峰序列的站点维度，识别不同气候指标对水文过程影响最显著的区域。进一步分析 SST 异常年份水文过程的差异，最后定量辨识单位气候指标变化引发的水文过程变化程度。

（4）洪峰序列趋势和变异特征诊断及非平稳性识别。分析洪峰序列时空趋势和变异特征，探索变异点对趋势特征检测的影响。进一步检查洪峰序列的长期持续效应特征，综合判别平稳性假设是否得到满足。

（5）构建非平稳性洪水频率分析模型。分别分析水文变异和水文趋势对洪水频率分析的影响。探索考虑外部驱动机制的非平稳性洪水频率分析模型，研究低频气候变化和水库对设计洪峰流量的影响，探讨考虑物理机制的非平稳性洪水频率分析模型的预测能力。

（6）基于传统重现期定义和推导公式，构建非平稳条件下重现期计算公式，并对已修建的防洪工程进行防洪风险评估。

（7）从大尺度上评价河道径流过程的时空均一化程度。构建降水和径流年内分配均一化程度统计模型，评价径流过程年内分配均一化程度在时间上的变化。构建降水和径流空间差异性的均一化程度统计模型，评价径流过程在空间表现上的相似性程度。通过比较降水和径流均一化程度在空间上表现的差异性，定性评价已修建的大型水利工程及其他人类活动对河道径流过程时空均一化程度的影响。

（8）构建广义河流流态变化指标。评价大型水库等流域性控制性水利工程对河流流态的影响。构建河流生态健康风险评价等级，评估水利工程对河道水生态健康风险的影响。构建与河流流态相关的水生物多样性指标，研究水利工程对水生物多样性的影响。

1.5.2 研究框架

通过对华南湿润区地表径流过程非平稳性时空特征及其水生态效应进行系统的研究，揭示气候变化和人类活动影响下水文过程变化规律，从全国尺度和典型流域尺度评价水文过程改变可能对水生态系统及水生物多样性的影响。针对变化环境下极端水文过程的洪水量级和频率变化特征，提出非平稳性识别、非平稳性洪水频率分析模型和非平稳性重现期计算方法等一套适应变化环境的水文频率分析理论体系。具体的研究框架见图 1-1。

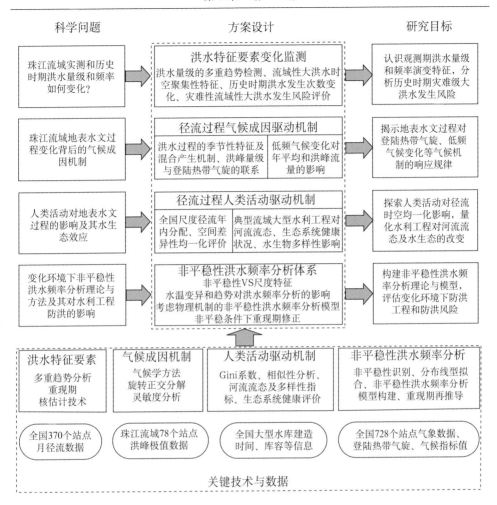

图 1-1 研究框架

参 考 文 献

[1] 夏军, 刘春蓁, 任国玉. 气候变化对我国水资源影响研究面临的机遇与挑战. 地球科学进展, 2011, 26(1): 1-12.

[2] Easterlin D R, Meehl G A, Parmesan C, et al. Climate extremes: observations, modeling, and impacts. Science, 2000, 289(5487): 2068-2074.

[3] Daufresne M, Lengfellner K, Sommer U. Global warming benefits the small in aquatic ecosystems. Proceedings of the National Academy of Sciences of the United States of America, 2009, 106(31): 12788-12793.

[4] Legates D R, Lins H F, McCabe G J. Comments on ''Evidence for global runoff increase related to climate warming'' by Labat et al. Advances in Water Resources, 2005, 28(12): 1310-1315.

[5] Gedney N, Cox P M, Betts R A, et al. Detection of a direct carbon dioxide effect in continental river runoff records. Nature, 2006, 439(7078): 835-838.

[6] Piao S, Friedlingstein P, Ciais P, et al. Changes in climate and land use have a larger direct impact than rising CO_2 on global river runoff trends. Proceedings of the National Academy of Sciences of the United States, 2007, 104(39): 15242-15247.

[7] Milly P C, Dunne K A, Vecchia A V. Global pattern of trends in streamflow and water availability in a changing climate. Nature, 2005, 438(7066): 347-350.

[8] Piao S, Ciais P, Huang Y, et al. The impacts of climate change on water resources and agriculture in China. Nature, 2010, 467(2): 43-51.

[9] Poff N L, Richter B D, Arthington A H, et al. The ecological limits of hydrologic alteration(ELOHA): a new framework for developing regional environmental flow standards. Freshwater Biology, 2010, 55(1): 147-170.

[10] de Wit M, Stankiewicz J. Changes in surface water supply across Africa with predicted climate change. Science, 2006, 311(5769): 1917-1921.

[11] Poff N L, Olden J D, Merritt D M, et al. Homogenization of regional river dynamics by dams and global biodiversity implications. The National Academy of Sciences of the United States of America, 2007, 104(14): 5732-5737.

[12] Gao B, Yang D, Zhao T, et al. Changes in the eco-flow meteric of the Upper Yangtze River from 1961 to 2008. Journal of Hydrology, 2012, 448-449(S448/449): 30-38.

[13] Vogel R M, Sieber J, Archfield S A, et al. Relations among storage, yield, and instream flow. Water Resources Research, 2007, 43(5): 909-918.

[14] Yang Y E, Cai X, Herricks E E. Identification of hydrologic indicators related to fish diversity and abundance: a data mining approach for fish community analysis. Water Resources Research, 2008, 44(4): 472-479.

[15] Ingram W. Extreme precipitation: increases all round. Nature Climate Change, 2016, 6(5): 443-444.

[16] Donat M G, Lowry A L, Alexander L V, et al. More extreme precipitation in the world's dry and wet regions. Nature Climate Change, 2017, 6(5): 508-514.

[17] Winsemius H C, Aerts J C J H, van Beek L P H, et al. Global drivers of future river flood risk. Nature Climate Change, 2015, 6(4): 381-385.

[18] 陈晓宏, 涂新军, 谢平, 等. 水文要素变异的人类活动影响研究进展. 地球科学进展, 2010, 25(8): 800-811.

[19] 陈亚宁, 李稚, 范煜婷, 等. 西北干旱区气候变化对水文水资源影响研究进展. 地理学报, 2014, 64(9): 1295-1304.

[20] Salas J D. Analysis and Modeling of Hydrologic Time Series, in Handbook of Hydrolody. New York: McGraw-Hill, 1993.

[21] Milly P C, Betancourt J, Falkenmark M, et al. Stationarity is dead: Whither water management?. Science, 2008, 319(5863): 573-574.

[22] 叶长青, 陈晓宏, 张家鸣, 等. 具有趋势变异的非一致性东江流域洪水序列频率计算研究.

自然资源学报, 2013, 28(12): 2105-2116.

[23] 叶长青, 陈晓宏, 张家鸣, 等. 水库调节地区东江流域非一致性水文极值演变特征、成因及影响. 地理科学, 2013, 33(7): 851-858.

[24] 温克刚, 宋丽莉. 中国气象灾害大典. 广东卷. 北京: 气象出版社, 2006.

[25] 温克刚, 杨年珠. 中国气象灾害大典. 广西卷. 北京: 气象出版社, 2007.

[26] Hallegatte S, Green C, Nicholls R J, et al. Future flood losses in major coastal cities. Nature Climate Change, 2013, 3(9): 802-806.

[27] Hirschboeck K K. Flood Hydroclimatology. Hoboken: John Wiley & Sons, 1988.

[28] 周晓霞, 丁一汇, 王盘兴. 夏季亚洲季风区的水汽输送及其对中国降水的影响. 气象学报, 2008, 66(1): 59-70.

[29] Chan J C L, Zhou W. PDO, ENSO and the early summer monsoon rainfall over south China. Geophysical Research Letters, 2005, 32(8): 93-114.

[30] Mumby P J, Vitolo R, Stephenson D B. Temporal clustering of tropical cyclones and its ecosystem impacts. Proceedings of the National Academy of Sciences of the United States of America, 2011, 108(43): 17626-17630.

[31] 钱树芹, 张心凤, 林凤标, 等. 浅谈珠江流域水生态现状及保护与修复措施//中国水利学会2013学术年会论文集——S1水资源与水生态, 2013.

[32] Kundzewicz Z W, Graczyk D, Maurer T, et al. Trend detection in river flow series: 1. Annual maximum flow. Hydrological Sciences Journal, 2005, 50(5): 797-810.

[33] Zhang X, Harvey K D, Hogg W D, et al. Trends in Canadian streamflow. Water Resources Research, 2001, 37(4): 987-998.

[34] Schmocker-Fackel P, Naef F. More frequent flooding? Changes in flood frequency in Switzerland since 1850. Journal of Hydrology, 2010, 381(1-2): 1-8.

[35] Mallakpour I, Villarini G. The changing nature of flooding across the central United States. Nature Climate Change, 2015, 5(3): 250-254.

[36] Yang L, Smith J A, Wright D B, et al. Urbanization and climate change: an examination of nonstationarities in urban flooding. Journal of Hydrometeorology, 2013, 14(6): 1791-1809.

[37] Villarini G. On the seasonality of flooding across the continental United States. Advances in Water Resources, 2016, 87: 80-91.

[38] Kimberley S, Naughton O, Johnston P, et al. The influence of flood duration on the surface soil properties and grazing management of karst wetlands (turloughs) in Ireland. Hydrobiologia, 2012, 104(3): 29-40.

[39] 郝振纯, 鞠琴, 王璐, 等. 气候变化下淮河流域极端洪水情景预估. 水科学进展, 2011, 22(5): 605-614.

[40] 胡春宏, 张治昊. 黄河下游河道萎缩过程中洪水水位变化研究. 水利学报, 2012, 43(8): 883-890.

[41] 陈璐, 郭生练, 张洪刚, 等. 长江上游干支流洪水遭遇分析. 水科学进展, 2011, 22(3): 323-330.

[42] 陈亚宁, 徐长春, 杨余辉, 等. 新疆水文水资源变化及对区域气候变化的响应. 地理学报,

2009, 64(11): 1331-1341.

[43] 吴志勇, 陆桂华, 刘志雨, 等. 气候变化背景下珠江流域极端洪水事件的变化趋势. 气候变化研究进展, 2012, 8(6): 403-408.

[44] 肖恒, 陆桂华, 吴志勇, 等. 珠江流域未来 30 年洪水对气候变化的响应. 水利学报, 2013, 44(12): 1409-1419.

[45] Hirsh R M, Archfield S A. Flood trends: not higher but more often. Natrue Climate Change, 2015, 5(3): 198-199.

[46] Knight D B, Davis R E. Contribution of tropical cyclones to extreme rainfall events in the southeastern United States. Journal of Geophysical Research, 2009, 114: D23102.

[47] Villarini G, Denniston R F. Contribution of tropical cyclones to extreme rainfall in Australia. International Journal of Climatology, 2016, 36(2): 1019-1025.

[48] Villarini G, Smith J A, Baeck M L, et al. Characterization of rainfall distribution and flooding associated with U. S. landfalling tropical cyclones: analysis of hurricanes Frances, Ivan, and Jeanne(2004). Journal of Geophysical Research, 2011, 116(D23): 23116.

[49] Smith J A, Villarini G, Baeck M L. Mixture distributions and the hydroclimatology of extreme rainfall and flooding in the eastern United States. Journal of Hydrometeorology, 2011, 12(2): 294-309.

[50] Villarini G, Goska R, Smith J A, et al. North Atlantic tropical cyclones and U. S. flooding. Bulletin of the American Meteorological Society, 2014, 95(9): 1381-1388.

[51] 申茜, 张世轩, 赵俊虎, 等. 近海台风对中国东部夏季降水的贡献. 物理学报, 2013, 62(18): 189201.

[52] 王胜, 石磊, 田红, 等. 安徽省台风降水气候特征及其对农业的影响. 中国农业大学学报, 2010, 15(3): 108-113.

[53] 丁德平, 李英. 北京地区的台风降水特征研究. 气象学报, 2009, 67(5): 864-874.

[54] 陈镭, 徐海明, 余晖, 等. 台风"桑美"(0608)登陆前后降水结构的时空演变特征. 大气科学, 2010, 34(1): 105-119.

[55] 黄新晴, 滕代高, 陆玮. "罗莎"台风波动特征与浙江远距离降水相互关系的初步研究. 大气科学学报, 2014, 37(1): 57-74.

[56] 林荷娟, 甘月云, 胡艳, 等. 2013 年第 23 号"菲特"台风期间太湖流域洪水运动分析. 湖泊科学, 2015, 27(3): 548-552.

[57] 胡四一, 王宗志, 王银堂, 等. 太湖流域台风与梅雨遭遇概率分析. 中国科学: 技术科学, 2011, 41(4): 426-435.

[58] 殷杰, 尹占娥, 于大鹏, 等. 基于情景的上海台风风暴潮淹没模拟研究. 地理科学, 2013, 33(1): 110-115.

[59] Hidore J J, Oliver J E, Snow M, et al. Climatology: an atmospheric science, third edition. Prentice Hall, Upper Saddle River, NJ, 2009.

[60] Tootle G A, Piechota T C, Singh A. Coupled oceanic-atmospheric variability and U. S. streamflow. Water Resource Research, 2005, 41(12): W12408.

[61] Andersen T K, Shepherd M J. Floods in a changing climate. Geography Compass, 2013, 7(2):

95-115.

[62] Ward P J, Jongman B, Kummu M, et al. Strong influence of El Niño Southern Oscillation on flood risk around the world. Proceedings of the National Academy of Sciences of the United States of America, 2014, 111(44): 15659-15664.

[63] Ward P J, Eisner S, Flörke M, et al. Annual flood sensitivities to El Niño-Southern Oscillation at global scale. Hydrology and Earth System Sciences, 2014, 18(1): 47-66.

[64] Bouwer L M, Vermaat J E, Aerts J C J H. Regional sensitivies of mean and peak river discharge to climate variablility in Europe. Journal of Geophysical Research, 2008, 113(D19): 1429-1443.

[65] Niu J, Chen J, Sivakumar B. Teleconnection analysis of runoff and soil moisture over the Pearl River basin in southern China. Hydrology and Earth System Sciences, 2014, 18(4): 1475-1492.

[66] Ouyang R, Liu W, Fu G, et al. Linkages between ENSO/PDO signals and precipitation, streamflow in China during the last 100 years. Hydrology and Earth System Sciences, 2014, 11(4): 3651-3661.

[67] 宗海峰, 陈烈庭, 张庆云. ENSO 与中国夏季降水年际变化关系的不稳定性特征. 大气科学, 2010, 34(1): 184-192.

[68] 李芬, 张建新, 郝智文, 等. 山西降水与 ENSO 的相关性研究. 地理学报, 2015, 70(3): 420-430.

[69] 孟万忠, 王尚义, 赵景波. ENSO 事件与山西气候的关系. 中国沙漠, 2013, 33(1): 258-286.

[70] 黄强, 刘署阳, 樊晶晶. ENSO 事件与渭河径流变异的响应关系. 华北水利水电大学学报, 2014, 35(1): 7-10.

[71] 王根绪, 沈永平, 刘时银. 黄河源区降水与径流过程对 ENSO 事件的响应特征. 冰川冻土, 2001, 23(1): 16-21.

[72] 李红军, 江志红, 刘新春, 等. 阿克苏河径流变化与北大西洋涛动的关系. 地理学报, 2008, 63(5): 491-501.

[73] 张瑞, 汪亚平, 潘少明. 近 50 年来长江入海径流量对太平洋年代际震荡变化的响应. 海洋通报, 2011, 30(5): 572-577.

[74] Nilsson C, Reidy C A, Dynesius M, et al. Fragmentation and flow regulation of the world's large river systems. Science, 2005, 308(5720): 405-408.

[75] Oki T, Kanae S. Global hydrological cycles and world water resources. Science, 2006, 313(5790): 1068-1072.

[76] Matteau M, Assani A A, Mesfioui M. Application of multivariate statistical analysis methods to the dam hydrologic impact studies. Journal of Hydrology, 2009, 371(1-4): 120-128.

[77] Tomer M D, Schilling K E. A simple approach to distinguish land-use and climate-change effects on watershed hydrology. Journal of Hydrology, 2009, 376(1): 24-33.

[78] Vogel R M, Sieber J, Archfield S A, et al. Relations among storage, yield, and instream flow. Water Resources Research, 2007, 43(5): 909-918.

[79] Shiau J Z, Wu F C. Pareto-optimal solutions for environmental flow schemes incorporating the intra-annual and interannual variability of the natural flow regime. Water Resources Research,

2007, 43(43): 813-816.

[80] Yang Y C, Cai X, Herricks E E. Identification of hydrologic indicators related to fish diversity and abundance: a data mining approach for fish community analysis. Water Resources Research, 2008, 44(4): 472-479.

[81] Black A R, Rowan J S, Duck R W, et al. DHRAM: a method for classifying river flow regime alterations for the EC Water Framework Directive. Marine and Freshwater Ecosystems, 2005, 15(5): 427-446.

[82] 陆国宾, 刘轶, 邹响林, 等. 丹江口水库对汉江中下游径流特性的影响. 长江流域资源与环境, 2009, 18(10): 959-963.

[83] 郭军庭, 张志强, 王盛萍, 等. 应用 SWAT 模型研究潮河流域土地利用和气候变化对径流的影响. 生态学报, 2014, 34(6): 1559-1567.

[84] 高晓薇, 刘家宏. 深圳河流域城市化对河流水文过程的影响. 北京大学学报, 2012, 48(1): 153-159.

[85] 韩帅, 夏自强, 刘猛, 等. 水库调度对大坝下游河道生态径流的影响. 水资源保护, 2010, 26(1): 21-23.

[86] 张正浩, 张强, 肖名忠, 等. 辽河流域丰枯遭遇下水库调度. 生态学报, 2016, 36(7): 2024-2033.

[87] 李剑锋, 张强, 陈晓宏, 等. 考虑水文变异的黄河干流河道内生态需水研究. 地理学报, 2011, 66(1): 99-110.

[88] 孙艳伟, 王文川, 魏晓妹, 等. 城市化生态水文效应. 水科学进展, 2012, 23(4): 569-574.

[89] Webb R H, Betancourt J L. Climatic Variability and Flood Frequency of the Santa Cruz River, Pima County, Arizona. Washington: Geological Survey Water-Supply, 1992.

[90] Woodhouse C A, Gray S T, Meko D M. Updated streamflow reconstructions for the Upper Colorado River Basin. Water Resources Research, 2006, 42(5): W05415.

[91] Galloway G E. If stationarity is dead, what do we do now?. Journal of the American Water Resources Association, 2011, 47(3): 364-371.

[92] Salas J D. Analysis and Modeling of Hydrologic Time Series, in Handbook of Hydrology. New York: McGraw-Hill, 1993.

[93] Villarini G, Serinaldi F, Smith J A, et al. On the stationary of annual flood peaks in the continental United States during the 20th century. Water Resources Research, 2009, 45: W08417.

[94] Villarini G, Smith J A, Serinaldi F, et al. Analyses of extreme flooding in Austria over the period 1951-2006. International Journal of Climatology, 2012, 32: 1178-1192.

[95] 李庆平, 李彬彬, 向延清, 等. 变化环境下宣恩城区洪水变异及其成因分析. 南水北调与水利科技, 2015, 13(4): 630-634.

[96] 李新, 曾杭, 冯平. 洪水序列变异条件下的频率分析与计算. 水力发电学报, 2014, 33(6): 11-19.

[97] Koutsoyiannis D. Nonstationarity versus scaling in hydrology. Journal of Hydrology, 2006, 324(1): 239-254.

[98] Markonis Y, Koutsoyiannis D. Scale-dependence of persistence in precipitation records. Nature Climate Change, 2016, 6: 399-401.

[99] 孙鹏, 张强, 陈晓宏, 等. 鄱阳湖流域水沙时空演变特征及其原理. 地理学报, 2010, 65(7): 828-840.

[100] 庄常陵. 相关系数检验法与方差分析的一致性讨论. 高等函授学报, 2003, 16(4): 11-14.

[101] 潘承毅, 何迎晖. 数理统计的原理和方法. 上海: 同济大学出版社, 1992.

[102] 周芬. Kendall 检验在水文序列趋势分析中的比较研究. 人民珠江, 2005, 26(S1): 35-37.

[103] 雷红富, 谢平, 陈广才, 等. 水文序列变异点检测方法的性能比较分析. 水电能源科学, 2007, 25(4): 36-40.

[104] 谢平, 陈广才, 雷红富, 等. 水文变异诊断系统. 水力发电学报, 2010, 29(1): 85-91.

[105] Montanari A, Taqqu M S, Teverovsky V. Estimating long-range dependence in the presence of periodicity: an empirical study. Mathematical and Computer Modelling, 1999, 29(10-12): 217-228.

[106] Rao A R, Hamed K H. Flood Frequency Analysis. New York: CRC press, 2000.

[107] Reis D S, Stedinger J R. Bayesian MCMC flood frequency analysis with historical information. Journal of Hydrology, 2005, 313(1/2): 97-116.

[108] 郭文娟. 新疆洪水频率分布线型选择研究. 长沙: 长沙理工大学硕士学位论文, 2011.

[109] 张丽娟, 陈晓宏, 叶长青, 等. 考虑历史洪水的武江超定量洪水频率分析. 水利学报, 2013, 44(3): 268-275.

[110] 叶长青. 中国南部湿润区非平稳性洪水序列频率计算: 理论、方法与实践. 广州: 中山大学博士学位论文, 2013.

[111] Vogel R M, Yaindl C, Walter M. Nonstationarity: flood magnification and recurrence reduction factors in the United States. Journal of the American Water Resources Association, 2011, 47(3): 464-474.

[112] 胡义明, 梁忠明, 赵卫民, 等. 基于跳跃性诊断的非一致性水文频率分析. 人民黄河, 2014, 36(6): 51-54.

[113] 冯平, 曾杭, 李新. 混合分布在非一致性洪水频率分析的应用. 天津大学学报(自然科学与工程技术版), 2013, 46(4): 298-303.

[114] 谢平, 陈广才, 夏军. 变化环境下非一致性年径流序列的水文频率计算原理. 武汉大学学报(工学版), 2005, 38(6): 6-10.

[115] 冯平, 李新. 基于 Copula 函数的非一致性洪水峰量联合分析. 水利学报, 2013, 44(10): 1137-1147.

[116] Martins E S, Stedinger J R. Historical information in a generalized maximum likehood framework with partial duration and annual maximum series. Water Resources Research, 2001, 37(10): 2551-2557.

[117] 冯平, 黄凯. 水文序列非一致性对其参数估计不确定性影响研究. 水利学报, 2015, 46(10): 1145-1154.

[118] Polemio M, Petrucci O. The occurrence of floods and the role of climate variations from 1880 in Calabria (Southern Italy). Natural Hazards and Earth System Sciences, 2012, 12(1): 129-142.

[119] López J, Francés F. Non-stationary flood frequency analysis in continental Spanish rivers, using climate and reservoir indices as external covariates. Hydrology and Earth System Sciences, 2013, 17(8): 3189-3203.

[120] Villarini G, Smith J A, Serinaldi F, et al. Flood frequency analysis for nonstationary annual peak records in an urban drainage basin. Advances in Water Resources, 2009, 32(8): 1255-1266.

[121] Gilroy K L, McCuen R H. A nonstationary flood frequency analysis method to adjust for future climate change and urbanization. Journal of Hydrology, 2012, 414(2): 40-48.

第2章　洪水极值时空特征及洪水频率分析

已有研究结果表明珠江流域洪水频率发生了改变，但是受限于实测序列时间尺度和站点数量，对洪水量级和频率时间变化及空间特征还缺乏详细和足够的认识，尤其是对严重影响社会经济发展的流域性大洪水的时空聚集特征还缺乏相应研究。而且近几十年来极端洪水发生的风险是否比历史时期更高同样值得探究。本书基于遍布珠江流域的 78 个站点近 60 年的实测洪峰数据和广东省、广西壮族自治区近 1000 年的洪水记录数据，研究珠江流域洪水风险的变化特征和影响，以期弥补以往研究的不足。

2.1　研究区域和数据

珠江流域是一个复合流域，主要由西江、北江、东江、粤东诸河和粤西诸河等水系组成[图 2-1（a）]。其中西江为珠江流域的主干流，全长 2075km，流域集水面积 35.31 万 km²，占珠江流域总集水面积的 77.8%[图 2-1（a），分区 Ⅰ]。北江为珠江流域的第二大支流，全长 468km，流域集水面积 4.67 万 km²[图 2-1(a)，分区 Ⅱ]。东江流域虽然作为珠江流域的第三大支流，但河长和流域面积均较小，毗邻粤东诸河且河流相连，因此和粤东诸河归于分区 Ⅲ[图 2-1（a）]。粤西诸河由于地势较低，相互联系，归于分区 Ⅳ[图 2-1（a）]。

珠江流域主要覆盖广东省和广西壮族自治区[图 2-1（b）]。目前已兴建的几十座大型水库集中分布在广东省北部、东部和西部与广西壮族自治区中南部[图 2-1（b）]。珠江三角洲、粤东和粤西沿海区域城市化面积较大[图 2-1（b）]，经济开发程度较高[图 2-1（c）]，人口密度较大[图 2-1（d）]。广西壮族自治区中南部是珠江流域耕地聚集区域[图 2-1（b）]，经济开发程度和人口密度也较大[图 2-1（c）、（d）]。

本书系统收集了遍布珠江流域作为洪峰流量的 78 个水文站点年最大 1 日流量[图 2-1（a）]和 74 个降水站点日降水数据[图 2-1（c）]。所有站点日降水数据起始年份均为 1955 年，终止年份均为 2014 年。以各站点年最大 1 日降水量组成极端降水序列。78 个水文站点洪峰数据最小起始年份为 1951 年，最大终止年份为 2014 年[图 2-2（a）]，时间长度最小为 38 年，最大为 64 年，其中 60 个站点洪峰序列长度超过 50 年[图 2-2（b）]。洪峰数据来源于中华人民共和国水利

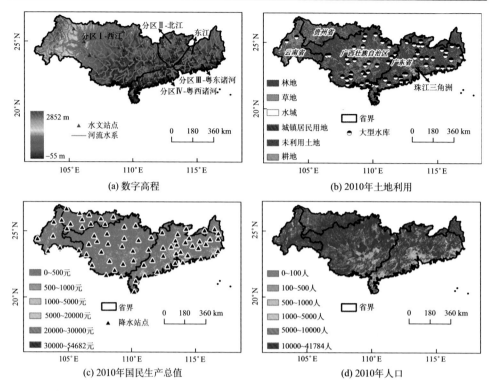

图 2-1　珠江流域水文站点、降水站点、大型水库、土地利用、经济和人口分布

部珠江水利委员会水文局，降水数据来源于中国气象局国家气象信息中心。洪峰
数据和降水数据均经过系统整编，质量可靠，但均有少量缺测，需采用多年平均
值法对缺测数据进行插补。

　　Mudelsee 等根据洪水淹没范围、引发的灾害程度等将历史洪水事件划分为三
种等级[1]：①小量级局部性洪水，洪水过程时间较短，引发的灾害较小（如对靠
近岸边的耕地造成冲刷、建筑造成轻微损害等）；②跨区域性洪水，洪水过程时间
较短，对水利设施（大坝、桥梁等）造成明显损害，引起人口死亡；③流域性灾
难性洪水，洪水持续时间较长（几天甚至几周），严重损害甚至摧毁水利设施、建
筑等，造成农作物大面积减产，引起大量人口伤亡。温克刚和宋丽莉[2]与温克刚
和杨年珠[3]综合历史文献资料分别整编了广东省公元 383~2000 年和广西壮族自
治区公元 107~2000 年洪水事件及引发的灾害损失信息。由于广东省和广西壮族
自治区面积较大，小洪水几乎年年发生，因此根据 Mudelsee 等划分的洪水等级标
准，识别发生流域性灾难性大洪水的年份，组成洪水发生时间序列。由于公元 1000
年以前的洪水记录不全且记录信息不丰富，因此主要挑选了公元 1000~2000 年发
生流域性灾难性大洪水的年份。

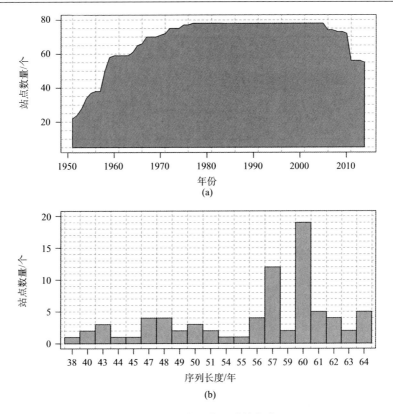

图 2-2　洪峰序列数据结构信息

2.2　研　究　方　法

2.2.1　多重趋势检测

用修正的 MK 法[4]检测洪水极值序列的时间趋势性。如果时间序列具有自相关性，修正的 MK 法能够消除时间序列的自相关性使趋势检测结果更准确。改变时间序列的起始年份和终止年份，以 5 年为一个间隔，逐步向前滑动检验洪峰流量的趋势特征，并且保证洪峰序列至少有 15 年的长度，并统计了不同时间段具有显著趋势变化特征的站点占总站点数的比例，趋势显著性水平为 0.05。

2.2.2　广义极值分布

广义极值（generalized extreme value，GEV）分布被广泛运用于气象水文学极值分析中[5,6]。GEV 分布累积概率分布函数为

$$F_i\left(x|\mu_i,\sigma_i,\xi_i\right)=\exp\left\{-\left[1+\xi_i\left(\frac{x-\mu_i}{\sigma_i}\right)\right]^{-1/\xi_i}\right\}\qquad(2-1)$$

式中，μ 为位置参数，范围为 $[-\infty,+\infty]$；σ 为尺度参数，范围为 $[0,+\infty]$；ξ 为形状参数，范围为 $[-\infty,+\infty]$。

$\xi>0$，GEV 分布没有上边界；$\xi<0$，GEV 分布具有上边界 $(\mu-\sigma)/\xi$；ξ 趋于 0，GEV 分布变成 Gumbel 分布，并具有无上边界的瘦尾特征。采用最大似然估计来估计 GEV 分布函数的参数，并用 GEV 分布进行洪水风险分析，估计洪水发生的概率（或重现期）。

2.2.3　核估计技术

通过计算每个时间间隔内流域性灾难性大洪水发生次数，如 1000~1100 年、1100~1200 年等，定量计算洪水发生风险，其不足之处在于产生的数据量较少，因此需采用连续性时间间隔（类似滑动平均）。核估计技术采用高斯核函数来进行加权[1]，计算洪水发生率（即每个时间间隔内洪水发生的风险大小）：

$$\lambda(t)=h^{-1}\sum_{i=1}^{m}K\left(\frac{t-T_i}{h}\right)\qquad(2-2)$$

式中，$\lambda(t)$ 为洪水发生率；T_i 为第 i 场流域性灾难性大洪水发生的年份；$i=1,2,3,\cdots,m$，m 为流域性灾难性大洪水记录总数；$K(\cdot)$ 为核函数；h 为核函数的窗口。高斯核函数是应用最广泛的核函数，能够有效利用傅里叶空间并对洪水发生率 $\lambda(t)$ 产生一个平滑的估计[7]：

$$K(y)=\frac{1}{\sqrt{2\pi}}\exp\left(-\frac{y^2}{2}\right)\qquad(2-3)$$

式中，$y=\dfrac{t-T_i}{h}$。

洪水发生年份的时间区间为 $[t_1,t_m]$，由于不存在区间以外的数据，在进行 $\lambda(t)$ 的计算时，往往会低估在边界附近的 $\lambda(t)$。因此采取产生"虚拟数据"（pseudodata）的方法来有效减小边界处的估计误差。"映射"方法作为一种直接有效的方法用来产生"虚拟数据"[8]：pT 为洪水发生年份的时间区间 $[t_1,t_m]$ 边界之外的"虚拟数据"；在时间区间 $[t_1,t_m]$ 的左边，对于 $t<t_1$，$\mathrm{pT}[i]=t_1-[T_i-t_1]$；同理对于边界右边数据（$t>t_m$）的延长采取同样的方式。延长后的数据长度是延长前数据长度的 1.5 倍。用延长后的数据估计 $\lambda(t)$ 的计算过程如下：

$$\lambda(t)=h^{-1}\sum_{i=1}^{m^*}K\left(\frac{t-T_i^*}{h}\right)\qquad(2-4)$$

式中，T_i^* 为延长后序列的第 i 场洪水发生的年份；m^* 为延长后序列的样本长度。

在 $\lambda(t)$ 的估计中窗宽 h 的选择是一个重要的问题。窗宽 h 选择太小，则随机性影响太大，产生极不规则的形状；窗宽 h 选择太大，则过度平滑，淹没了密度的细节地方。采用交叉验证的方法确定窗宽 h[1]。用 Bootstrap 技术确定洪水发生率 $\lambda(t)$ 的置信区间[1]。

2.3　洪水量级多重趋势分析

采用多重趋势分析，即对不同时间尺度的洪峰流量进行趋势检测，可以更详细地探究洪峰流量呈显著趋势变化的具体时期（图 2-3）。整个珠江流域几乎各时间段呈显著趋势变化的站点比例均较低，大部分低于 15%，除了 1966~2005 年呈显著下降趋势的站点比例达到了 20%~25%[图 2-3（a）、（b）]。西江流域洪峰呈显著上升趋势的时段主要集中在 1981~2010 年，占总站点比例达到了 25%~35%；呈显著下降趋势的时段主要集中在 1966~1990 年，占总站点比例达到了 25%~30%[图 2-3（c）、（d）]。北江流域洪峰流量在各时间段内呈显著趋势变化的站点比例均保持在较低水平，其洪峰流量保持平稳状态[图 2-3（e）、（f）]。粤东诸河洪峰流量几乎没有显著上升趋势变化，显著下降趋势特征明显，1951~1980 年和 1951~2014 年呈显著下降趋势的站点比例分别为 20%~25% 和 25%~30%[图 2-3（g）、（h）]。起始年份在 1981 年后的时间段呈显著下降趋势的站点比例有明显下降[图 2-3（h）]，说明粤东诸河洪峰流量在 1981 年后有增加趋势。粤西诸河洪峰流量较其他三个区域变化程度大，1951~1975 年呈显著上升趋势的站点比例达到 30%~35%，起始年份到 1966 年以后，呈显著性上升趋势的站点比例有明显的下降，呈显著下降趋势的站点比例明显增加，达到 35%~50%[图 2-3（i）、（j）]。尤其是包含 2005~2014 年这一时间段，粤西诸河洪峰流量呈显著下降趋势的站点比例保持较高水平（20%以上）[图 2-3（j）]，说明较小洪峰值主要集中在这一时间段。

2.4　洪水频率特征

采用 GEV 分布拟合洪峰序列，并用 K-S（Kolmogorov-Smirnov）统计 D 值判断 GEV 分布拟合优度（图 2-4）。从图 2-4 可以看出，几乎所有站点 GEV 分布拟合优度 K-S 统计 D 值检测结果均低于 0.05 显著性水平，只有一个站点 K-S 统计 D 值高于 0.05 显著性水平但低于 0.1 显著性水平，还有一个站点高于 0.1 显著性水平。因此 GEV 分布对于珠江流域洪峰序列具有较好的拟合效果，能够用来进行洪水频率分析。

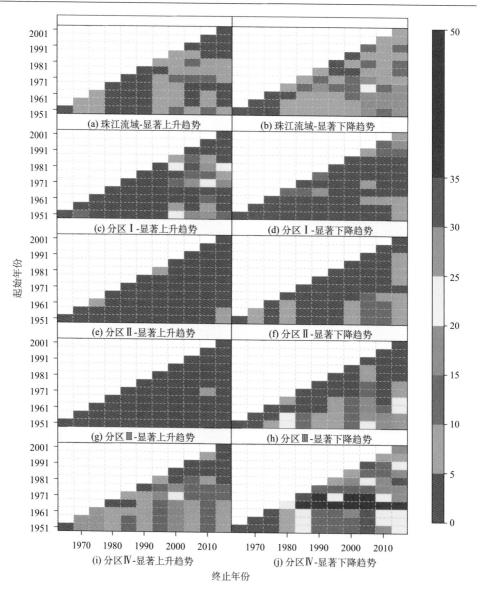

图 2-3　不同时间长度的洪峰系列有显著趋势站点的百分比（%）

　　基于 GEV 分布计算每个站点洪峰流量的重现期，并展示其在时间和空间上的变化特征（图 2-5）。珠江流域每年都有发生超过 10 年一遇以上的洪水。西江流域大量级洪水发生时间具有明显的年际聚集性，最大三场洪水主要集中出现在 1965~1970 年和 1993~2002 年两个时间段，22 个站点的共 66 场最大三场洪水中有 38 场洪水发生在这两个时间段（图 2-5，分区Ⅰ）。西江流域在一些年份有多

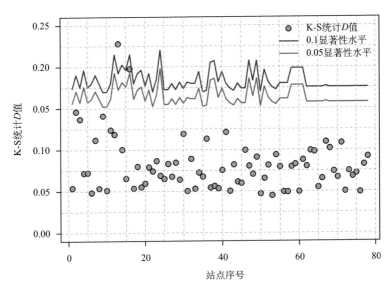

图 2-4　珠江流域洪峰序列 GEV 分布拟合优度 K-S 检测结果

个站点发生重现期大于 10 年的洪水,具有清晰的空间聚集特征。北江流域最大三场洪水在时间分布上较为均匀,然而在空间上具有明显的聚集性(图 2-5,分区Ⅱ)。 例如,1982 年 5 月北江流域发生流域性大洪水,20 个站点中 9 个站点洪峰流量超过 10 年一遇,7 个站点洪峰流量为实测最大三场洪水之一。西江流域性大洪水和北江流域性大洪水可能发生在同一年份。例如,1994 年 6 月发生的灾难性大洪水,在西江流域 11 个站点重现期超过 10 年一遇,其中 7 个站点为实测以来最大三场洪水之一;在北江流域 8 个站点重现期超过 10 年一遇,其中 6 个站点为实测以来最大三场洪水之一。粤东诸河大量级洪水在年际分布上具有明显的不均匀性特征,实测以来最大三场洪水多集中在 1958~1969 年,随后大量级洪水发生次数明显减少,2005 年以后,重现期超过 10 年的洪水发生次数明显增多。粤东诸河大量级洪水也具有明显的空间聚集特征,往往多个站点在同一年份出现超过 10 年一遇的洪水(图 2-5,分区Ⅲ)。粤西诸河在 1966~1974 年大量级洪水集中出现,1980 年之后大量级洪水在年际分布上比较均匀(图 2-5,分区Ⅳ)。

　　进一步统计各分区每年超过 10 年一遇洪水发生的站点比例,揭示大量级洪水发生次数的时间变化趋势,然后用 11 年滑动平均减弱单个年份的影响(图 2-6)。西江流域洪水发生次数在 1951~1975 年呈上升趋势,1975 年之后呈缓慢波动上升趋势,意味着西江流域倾向于在更广的范围发生大量级洪水[图 2-6(a)]。北江流域洪水发生次数在 1970 年呈上升趋势，1970 年以后一直维持平稳状态，2005 年之后开始轻微升高[图 2-6（b）]。粤东诸河 1980 年之前洪水发生次数显著下降，1980~2005 年一直在低位保持波动下降，2005 年之后明显升高，说明粤东诸河近 10 年来发生全流域性大洪水的风险在增加[图 2-6（c）]。不同于粤东诸河，粤西诸河洪水发生次数在 1975 年之前有明显上升趋势，1975~1985 年突然下降，之后呈波动下降趋势[图 2-6（d）]。

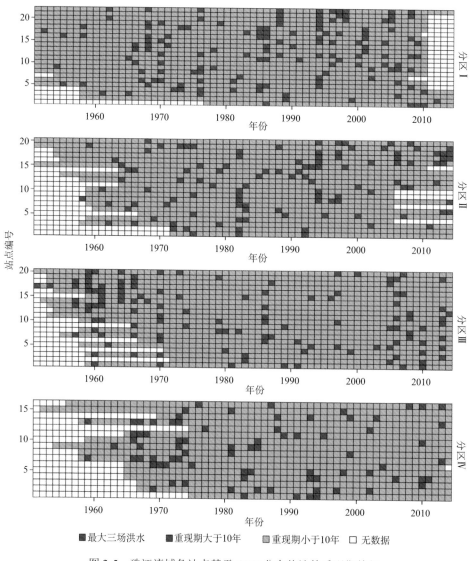

图 2-5　珠江流域各站点基于 GEV 分布估计的重现期特征

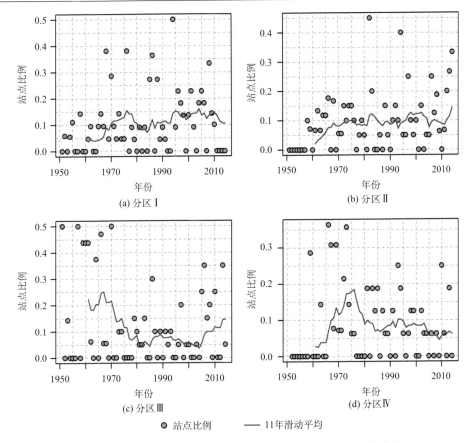

(a) 分区 I

(b) 分区 II

(c) 分区 III

(d) 分区 IV

○　站点比例　　——　11年滑动平均

图 2-6　各分区每年发生大于 10 年一遇洪水的站点比例时间变化

2.5　历史时期洪水风险分析

结合历史文献记载，统计了近 1000 年位于珠江流域的广东省及广西壮族自治区年洪水发生次数，并用 Loess 函数降低单个年份的噪声影响（图 2-7）。广东省洪水发生次数在公元 1600 年以前呈增加趋势，并于公元 1600 年达到顶峰。公元 1600~1900 年广东省洪水发生次数基本稳定在公元 1600 年的水平，并伴有小幅波动。近 100 年来（1900~2000 年），广东省洪水发生次数突然呈明显的下降趋势，降低到公元 1400 年的水平[图 2-7（a）]。与广东省明显不同，广西壮族自治区洪水发生次数在公元 1800 年以前一直保持缓慢的上升趋势，公元 1800 年以后上升速率开始增加，尤其是近 100 年（1900~2000 年）上升幅度更加明显[图 2-7（b）]。

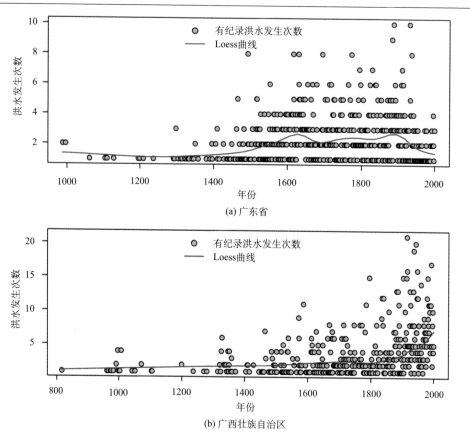

(a) 广东省

(b) 广西壮族自治区

图 2-7　广东省和广西壮族自治区近 1000 年来洪水发生次数时间变化特征

　　基于 Mudelsee 等划分的洪水等级标准,进一步识别出了发生流域性灾难性大洪水的年份,采用核估计技术评估了近 1000 年流域性灾难性大洪水发生的风险(洪水发生率)(图 2-8)。采用交叉验证法计算广东省和广西壮族自治区流域性灾难性大洪水发生年份序列的窗宽,分别为 56 年和 41 年[图 2-8（b）、（d）]。为了统一比较广东省和广西壮族自治区洪水发生风险的时间变化,且体现更多的变化细节,还绘制了窗宽为 30 年的洪水发生率变化曲线[图 2-8（a）、（c）]。窗宽为 30 年和窗宽为 56 年及 41 年,广东省和广西壮族自治区灾难性大洪水发生风险变化基本一致。广东省灾难性大洪水在公元 1500 年以前呈明显的上升趋势,公元 1500~1800 年突然呈下降趋势,公元 1800 年以后转为显著的上升趋势[图 2-8（a）、（b）]。广西壮族自治区灾难性大洪水发生风险在公元 1400 年以前剧烈波动,并呈上升趋势。公元 1400~1600 年广西壮族自治区灾难性大洪水发生率保持平稳,随后在公元 1600~1800 年形成一个波峰。与广东省相似,近 200 年（公元 1800~2000年）广西壮族自治区洪水发生风险陡峭升高。近几十年来,广东省和广西壮族自治区灾难性大洪水发生风险均是历史最高时期的近两倍。

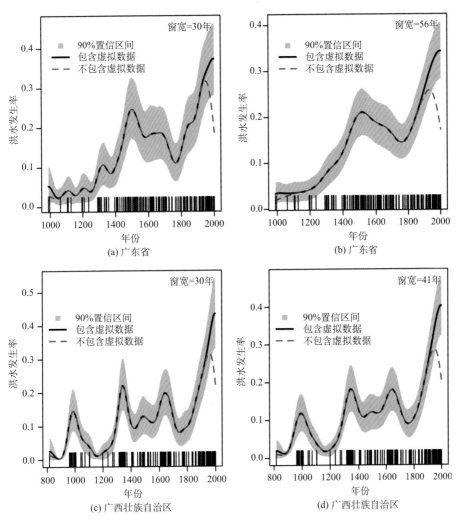

图 2-8　广东省和广西壮族自治区近 1000 年洪水发生率时间变化特征

2.6　讨论与小结

2.6.1　讨论

　　传统频率分析方法在估计重现期时要求洪峰序列满足平稳性假设，即没有显著的趋势、突变或周期特征[9]。由于洪峰序列长度较短（序列长度最大为 64 年），少数站点洪峰序列呈现的突变或显著趋势特征也可能是由于长期持续效应引起的，即属于更广时间尺度下的局部正常波动[10]。尽管变化环境下非平稳性洪水频率分析已有较多研究[11,12]，但是非平稳性洪水频率分析由于考虑更多的因素（额外的协变量）导致估计的重现期随时间或协变量变化而变化，且具有更大的不确定性，一直难以在工程设计等现实中进行应用。因此，本书依然采用传统的频率分析方法估计上述可能违反平稳性假设的洪峰序列的重现期。然而在接下来的研究中依然需要针对气候变化和人类活动对珠江流域有明显影响的区域和站点开展非平稳性洪水频率分析，评估气候变化和人类活动对洪水频率的具体影响。

根据广东省和广西壮族自治区历史文献记载，统计了近 1000 年记录的洪水事件和发生大范围灾难性洪水的年份。由于历史记录的洪水事件存在着洪水事件记录不全、洪水信息不丰富等缺点，所以数据的真实性和准确性均难以保证，因而分析结果有较大不确定性。尤其是公元 1400 年以前，洪水事件的记录明显缺乏，因此导致洪水频率和洪水风险均位于较低水平（图 2-7、图 2-8）。然而公元 1400 年以后，更多的洪水事件尤其是造成大范围灾难性的洪水事件被记录下来（包括区域性洪水、地市级洪水），洪水信息也更为丰富。因此，基于历史文献记录的洪水信息评估过去洪水频率和洪水风险依然具有一定的可靠性和可信度。

与历史时期相比，近 100 年来广东省洪水发生次数明显下降[图 2-7（a）]。珠江流域城镇化程度高、经济发达、人口密集的区域主要集中在广东省，尤其是珠江三角洲区域[图 2-1（b）～（d）]。剧烈的人类活动，如大规模河道采沙、围垦、联围筑闸及快速城市化等，极大地改变了流域下垫面特征，影响了洪水过程。20 世纪 90 年代位于广东省的北江流域和东江流域河道采沙已经分别达到 338 万 m^3/a 和 1500 万 m^3/a，造成同流量河道水位明显下降[13]。大规模联围筑闸、简化河网水系，会进一步导致大中洪水归槽。以珠江三角洲为例，近 60 年来，原有 20 000 多个小堤围合并为 400 多个大堤围，河道总长度也由 10 000km 缩减至 5000km。另外，北江流域和东江流域分别建立了流域控制性水利枢纽工程（飞来峡和新丰江水利枢纽），可以有效地抵御 100 年一遇的洪水。河道行洪能力增加、控制性水利工程的调控有效地减少了广东省洪水发生的频率和量级，进而降低洪水造成的农业灾害和人口损失[图 2-9（a）、（b）、（e）]。然而广东省城镇化率已经达到67.76%，快速城镇化不仅导致滩涂围垦面积增加（仅珠江三角洲 1965～2003 年共围垦了 73 064hm² 的滩涂），滩涂调蓄洪水功能减低，而且导致洪水汇流速度加快，加之河网简化、洪水归槽，引发灾难性大洪水的风险升高[图 2-8（a）]。

广西壮族自治区近 100 年洪水发生次数明显增加[图 2-7（b）]，进而造成洪水引发的农业灾害和人口损失趋于增加[图 2-9（c）、（d）、（f）]。与广东省相比，广西壮族自治区经济发展程度较低[图 2-1（c）]，人口密度较小[图 2-1（d）]，且城镇化率低[图 2-1（b）]，人类活动对下垫面的影响较弱。虽然西江流域内兴建了 36 座大型水库，总库容 290 亿 m³，但是并没有流域控制性水利枢纽工程，对流域面积较大的西江流域洪水过程影响较小。广西壮族自治区极端降水主要呈上升趋势，降水集中指数显著增加[14]，可能是导致洪水频发、量级增加的主要原因。近 200 年来，广西壮族自治区发生灾难性大洪水的风险也呈明显上升趋势，降水给位于下游的珠江三角洲特大城市群带来严峻的防洪压力。

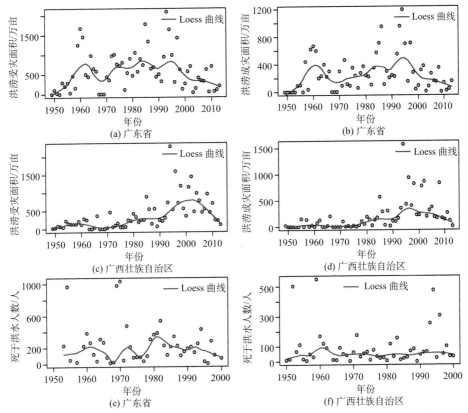

图 2-9　广东省和广西壮族自治区由于洪水造成的农业灾害和人口死亡时间变化

1 亩≈666.67m²

2.6.2　小结

（1）识别各个分区洪峰流量主要呈显著趋势变化的时段发现：西江流域 25%~35% 的站点在 1981~2010 年呈显著上升趋势；粤东诸河 25%~30% 的站点在 1951~2014 年呈显著降低趋势；粤西诸河 30%~35% 的站点在 1951~1975 年呈显著上升趋势，35%~50% 的站点在 1966~2014 年呈显著下降趋势。

（2）西江流域实测最大三场洪水主要集中在 1965~1970 年和 1993~2002 年这两个时间段，发生超过 10 年一遇洪水的站点比例在 1975 年后呈缓慢波动上升趋势。北江流域超过 10 年一遇的洪水事件在时间上分布比较均匀，站点比例也呈平稳波动变化。粤东诸河最大三场洪水集中出现在 1958~1969 年，发生超过 10 年一遇洪水的站点比例在 1969 年达到峰值，随后急剧下降，但是 2000 年后转为明显上升。粤西诸河最大三场洪水主要发生在 1966~1974 年，发生超过 10 年一遇洪水的站点比例在 1974 年达到峰值后转为持续下降趋势。西江流域、北江流域和粤东诸河实测最大洪水往往在某些年份和多数站点集中出现，展现出了明显的时间和空间聚集特征。

（3）通过评估近 1000 年广东省和广西壮族自治区历史记录洪水发生次数及流域性灾难性洪水事件发生风险发现：与历史时期相比，近 100 年广东省洪水发生次数明显下降，而广西壮族自治区则相反；广东省和广西壮族自治区流域性灾难性大洪水事件发生风险均呈明显的上升趋势，且发生风险大小是历史最高时期的近两倍。这将给位于下游的有着特大城市群的珠江三角洲区域防洪救灾带来严峻的挑战。

参 考 文 献

[1] Mudelsee M, Börngen M, Tetzlaff G, et al. No upward trends in the occurrence of extreme floods in central Europe. Nature, 2003, 425(6954): 166-169.

[2] 温克刚, 宋丽莉. 中国气象灾害大典. 广东卷. 北京: 气象出版社, 2006.

[3] 温克刚, 杨年珠. 中国气象灾害大典. 广西卷. 北京: 气象出版社, 2007.

[4] 顾西辉, 张强, 王宗志. 1951-2010 年珠江流域洪水极值序列平稳性特征研究. 自然资源学报, 2015, 30(5): 824-835.

[5] 顾西辉, 张强, 陈永勤. 基于 GEVcdn 模型的珠江流域非一致性洪水频率分析. 自然灾害学报, 2015, 24(4): 157-166.

[6] 顾西辉, 张强, 刘剑宇, 等. 变化环境下珠江流域洪水频率变化特征、成因及影响 (1951-2010 年). 湖泊科学, 2014, 26(5): 661-670.

[7] Mudelsee M, Deutsch M, Börngen M, et al. Trends in flood risk of the River Werra (Germany) over the past 500 years. Hydrological Sciences Journal, 2006, 51(5): 818-838.

[8] Silva A T, Portela M M, Naghettini M. Nonstationarities in the occurrence rates of flood events in Portuguese watersheds. Hydrology and Earth System Sciences, 2011, 8(5): 241-254.

[9] Salas J D. Analysis and Modeling of Hydrologic Time Series, in Handbook of Hydrolody. New York: McGraw-Hill, 1993.

[10] Koutsoyiannis D. Nonstationarity versus scaling in hydrology. Journal of Hydrology, 2006, 324:239-254.

[11] 冯平, 李新. 基于 Copula 函数的非一致性洪水峰量联合分析. 水利学报, 2013, 44(10):1137-1147.

[12] 冯平, 曾杭, 李新. 混合分布在非一致性洪水频率分析的应用. 天津大学学报, 2013, 46(4): 298-303.

[13] 张蔚, 严以新, 诸裕良, 等. 人工采沙及航道整治对珠江三角洲水流动力条件的影响. 水利学报, 2008, 39(9): 1098-1104.

[14] Zhang Q, Xu C Y, Gemmer M, et al. Changing properties of precipitation concentration in the Pearl River basin, China. Stochastic Environmental Research and Risk Assessment, 2009, 23(3):377-385.

第 3 章　洪水极值时空特征及热带气旋影响

　　热带气旋为中国沿海区域甚至内陆带来丰富的降水，其有利的一面表现在可以解决农作物的用水问题及增加水库的蓄水量等[1]。然而热带气旋又属于最严重的灾害性天气之一。当热带气旋登陆时，因为沿海区域首当其冲往往受到主要关注，然而离沿海数百千米远的内陆区域也会发生非常严重的灾害[2]。这种灾害主要表现形式不是风灾而是热带气旋引发的洪涝灾害，并且往往造成众多的人员伤亡和巨大的经济损失。近几十年来，由强热带风暴登陆引发的洪水，不仅影响沿海区域，还大面积影响远离沿海的内陆区域。例如，1997 年 9710 号台风登陆带来的暴雨洪水导致深圳、汕尾、梅州、潮州、惠州、江门、汕头、中山、揭阳、珠海、河源和东莞 12 个市 913.4 万人受灾，损坏房屋 9.6 万间，直接经济损失 32.9 万亿元[1]。尽管由热带气旋引发内陆洪水造成的社会和经济损失非常严重，但是其时空分布特征还缺乏相应的研究，因此更多的注意力集中在沿海区域由风暴潮带来的损失监测和预警上[3,4]。

　　以往的研究集中在热带气旋对降水过程的影响[5,6]，较少关注热带气旋引发的洪水事件，尤其是内陆洪水与热带气旋的联系。程正泉等分析了大尺度环流对台风降水的影响[5]。申茜等认为长江以南地区台风降水量占夏季降水量的比例可达 10% 以上，7 月、8 月东南沿海地区的台风降水量最大可达 100 mm 以上[6]。尽管极端降水是洪水产生的重要诱因，但是用热带气旋对极端降水的影响直接分析其与洪水的联系并不十分充分。因为影响洪水发生的因素较多，不仅仅是降水，还包括前期土壤湿度、土地利用、水利工程等[7,8]。因此本书以广东省为例，通过建立热带气旋和洪水的气候学联系[9]，直接分析热带气旋对洪水频率时空特征的影响，弥补以往研究的不足。

3.1　研究区域和数据

　　广东省处于西北太平洋热带气旋登陆亚洲大陆的主要出入口，海岸线（不包括岛屿）长达 3368km。热带气旋从 5 月开始登陆广东省，随着时间的推移，西太平洋副热带高压西伸和北抬，登陆位置有自东向西转移的趋势。广东省沿海多为丘陵和山地，有粤东莲花山、粤西云雾山及粤桂边界附近的云开大山等，海拔 500~600m[图 3-1（a）]。热带气旋侵袭时，从海上带来的充沛水汽受沿海山脉阻碍作用抬升成云致雨，暴雨的中心都在沿海山脉南麓的迎风坡，如粤东沿海的海丰、陆丰、普宁、丰顺等地及粤西的阳江、恩平、开平、台山等地。热带气旋降水过程一般维持 2~3 天，也有的达 7~8 天，最大过程雨量可达 100~800mm，从而引发严重的洪涝灾害。

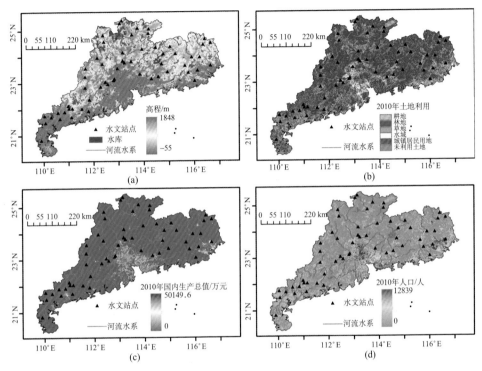

图 3-1　广东省水文站点、土地利用、国内生产总值和人口空间分布

广东省是中国最为发达的省份之一，2010 年生产总值达到 46013 亿元［图 3-1（c）］，占全国的百分比为 11.3%；2010 年总人口为 1.04 亿人［图 3-1（d）］，占全国的百分比为 7.76%。经济发达、人口集中的区域主要集中在城镇化程度高的地区，即珠江三角洲地区［图 3-1（b）］。本书收集了遍布广东省的 62 个水文站点在 1951~2014 年的年洪峰极值数据（图 3-1、图 3-2）。洪峰数据来源于广东省水文局，经过系统整编，质量可靠。数据有少量缺测，采用多年平均值法进行插补。数据最小长度有 16 年，最大长度有 64 年，44 个站点序列长度大于或等于 50 年（图 3-2）。另外，从中国气象局热带气旋资料中心收集到了 1951 年以来西北太平洋（含南海，赤道以北，东经 180°以西）海域热带气旋每 6 小时的位置和强度数据[10]。

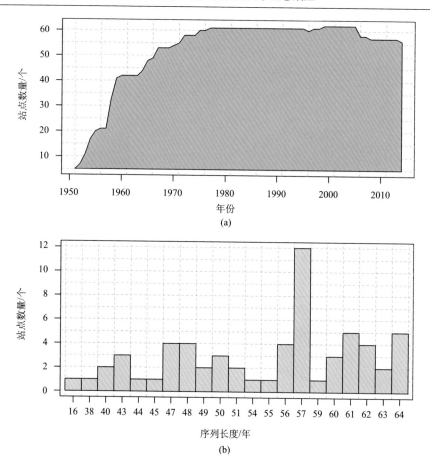

图 3-2　广东省 62 个水文站点洪峰序列数据结构信息

3.2　热带气旋导致的洪水事件识别

识别洪水事件是否由热带气旋引发的关键是建立热带气旋事件和洪水事件在时间上的联系。根据 Villarini 等的研究[9]，当洪水事件满足以下两个条件时，则认为此次洪水过程受到热带气旋的影响：①水文站点位置在热带气旋中心 500km 以内；②洪峰出现时间位于热带气旋发生时间前 2 天或后 7 天。

3.3　洪峰的混合分布特征

广东省位于南方湿润区，洪水主要由暴雨引发。广东省暴雨主要分为西风带系统暴雨和热带天气系统暴雨，前者主要出现在前汛期（3~6 月），后者主要出现在后汛期（7~9 月）。热带气旋虽然作为热带天气系统的一种，但是与热带辐合带、东风波等引发的锋面雨不同，它不仅带来丰沛的水汽，而且可因其本身强烈的辐合、激烈的上升运动直接形成大暴雨。因此根据洪峰出现的月份及与热带气旋的联系，将洪水分为前汛期、后汛期和热带气旋引发的洪水三种类型，从而研究洪水的混合产生机制（图 3-3）。前汛期和后汛期洪水不包含由热带气旋引发的洪水。

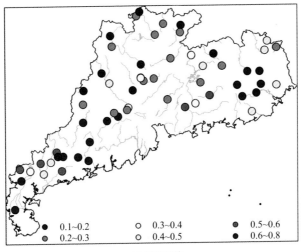

(a) 热带气旋

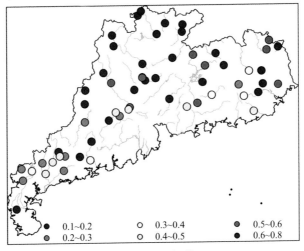

(b) 3~6 月前汛期

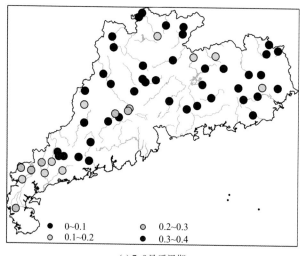

(c) 7~9月后汛期

图 3-3　广东省洪水事件由热带气旋引发的、出现在前汛期和后汛期的比例分布

　　洪水事件由热带气旋引发的比例在空间分布上具有明显的差异性[图 3-3（a）]。粤东和粤西地区洪水事件受热带气旋的强烈影响，由热带气旋引发的比例达到 40%以上，相当一部分站点高达 60%以上。从粤东和粤西分别到粤北，热带气旋引发的洪水比例均陡然下降，多数站点比例低于 30%[图 3-3（a）]。一方面，粤东莲花山和粤西云雾山等山脉对登陆粤东和粤西的热带气旋的向粤北移动均有阻碍作用[图 3-1（a）]；另一方面，粤北离沿海区域也有一段距离，登陆台风在向内陆行进过程中强度通常会不断受到削弱。这是导致粤北地区洪水事件受到热带气旋影响较弱的可能因素。从图 3-3（b）可以看出粤北地区洪水事件主要发生在前汛期，比例高达 50%以上。来自西太平洋和印度洋孟加拉湾的暖湿气流与南下的冷空气遭遇，形成冷锋和静止锋[11]，引起的锋面型暴雨诱发粤北地区形成灾害性洪水事件。粤西相对远离沿海区域的站点 20%~40%的洪水事件发生在后汛期，主要由热带辐合带、东风波等热带系统引发暴雨。

　　通过计算广东省每年发生在前汛期、后汛期及由热带气旋引发的洪水事件占全部 62 个水文站点的比例，分析不同产生机制下洪水发生次数的年际变化特征（图 3-4）。整体来看，广东省每年发生的洪水事件主要由热带气旋和西风带系统暴雨（前汛期）引发，出现在后汛期的站点数量多低于 20%[图 3-3（c）]。洪水由热带气旋引发的站点比例在年际上具有明显的波动，显示出时间聚集特征[图 3-4（a）]。例如，1960 年、1971 年、1985 年等近 80%的站点洪水由热带气旋引发，而 1956 年、1987 年、1998 年这一比例甚至降到了 10%以下。热带气旋在发生时间上具有显著的聚集特征，一些年份集中发生，一些年份较为沉寂[12]。这可能是导致热带气旋引发的洪水在年际上呈显著变化的重要因素。热带气旋的登陆对洪水频率影响的长期趋势是广东省防洪救灾的重要关注内容，然而由热带气旋引发的洪水比例在时间上并没有显著的趋势特征[图 3-3（a）]。前汛期锋面雨是广东省洪水产生的另一个重要成因。发生于前汛期的洪水站点比例在年际变化上波动较大，但变化程度弱于热带气旋引发的洪水[图 3-3（b）]。类似于热带气旋引发的洪水，发生在前汛期的洪水站点比例也没有显著的长期变化趋势，但是发生在后汛期的洪水站点比例在 2002 年以前倾向于增加，2002 年之后则倾向于减少。

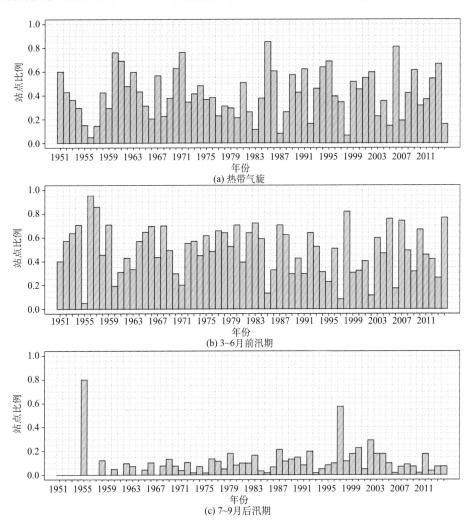

图3-4　广东省洪水事件由热带气旋引发的、出现在前汛期和后汛期的站点比例时间变化

3.4　热带气旋对洪峰量级的影响

洪峰的混合产生机制可能导致热带气旋引发的洪峰量级呈现空间差异性。为了从区域角度评价热带气旋引发的洪峰量级空间特征，首先需要消除不同流域面积对洪峰量级的影响（通常情况下流域面积越大，洪峰量级越大）。洪峰比率，即热带气旋引发的洪水与 10 年一遇洪水量级的比值，能够有效地将不同站点热带气旋引发的洪水标准化[12]。洪峰比率反映热带气旋引发的洪水量级是 10 年一遇洪水量级的倍数：洪峰比率大于 1，则高于 10 年一遇洪水量级；洪峰比率小于 1，则相反。采用 GEV 分布计算各个站点洪峰序列的 10 年一遇重现期，并采用 K-S 统计 D 值检验拟合优度（图 2-4）。

广东省粤东和粤西区域是受热带气旋引发的洪水灾害影响最严重的区域（图 3-3）。选取 1971 年、1985 年、1995 年和 2006 年四个洪水受热带气旋影响范围最广的年份（站点比例均高于 60%）作为典型年份[图 3-4（a）]，分析热带气旋对洪峰量级的影响。1971 年热带气旋 Lucy 在珠江三角洲登陆，然后经过粤西区域；1985 年热带气旋 Hal 和 Winona 分别于粤东和粤西登陆，均经过粤北；1995 年热带气旋 Helen 和 Irving 分别于粤东和粤西登陆；2006 年热带气旋 Kaemi 移动路径贴近粤北边界。这四个年份的热带气旋登陆位置和移动路径均是袭击广东省热带气旋的常见方式。从图 3-5 可以看出，从粤东和粤西登陆的热带气旋分别引发粤东和粤西较大的洪峰量级，由于山脉的阻挡，引发的粤北区域的洪峰量级均明显减小[图 3-5（a）～（c）]。然而贴着粤北外边界移动的热带气旋，如 Kaemi 则可能引发粤北上游量级较大的洪水，洪水量级可能达到 10 年一遇洪峰量级的 1.4~1.7 倍[图 3-5（d）]。

通过计算所有由热带气旋引发洪水的洪峰比率，挑选近几十年来热带气旋引发的最大洪峰比率及 90%分位数（图 3-6），分析广东省热带气旋引发的灾难性大量级洪水事件分布区域。从图 3-6（a）可以看出，大部分站点热带气旋引发的最大洪水量级都超过 10 年一遇。洪峰比率较大（高于 1.3）的区域主要位于粤东、粤西西南部及粤北北部。较小的洪峰比率值（低于 1）主要位于粤西的东北部及粤北中南部。粤东的莲花山、粤西的云雾山及粤北的高海拔地形是热带气旋对广东省洪水影响程度的自然分界线，减小了从粤东和粤西登陆的热带气旋对粤北中南部地区的影响，却无法有效地减小从福建登陆的沿着粤北外围边界移动的热带气旋带来的影响，如 Kaemi。热带气旋引发的最大洪峰比率与 90%分位数的空间分布特征较为吻合（图 3-6），说明热带气旋对洪峰量级影响的空间特征不是由单个极端事件决定的，而是具有普遍意义的。

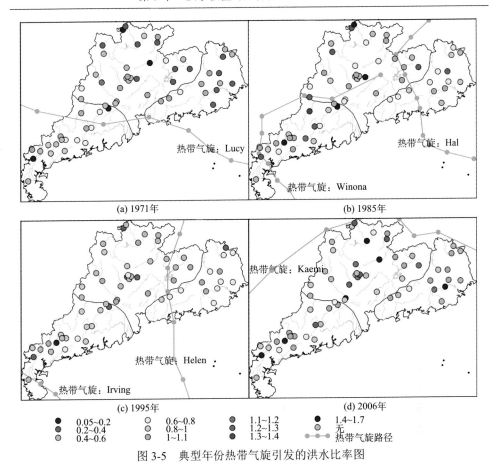

(a) 1971年　　　　　　　　　(b) 1985年

(c) 1995年　　　　　　　　　(d) 2006年

● 0.05~0.2	○ 0.6~0.8	● 1.1~1.2	● 1.4~1.7
● 0.2~0.4	● 0.8~1	● 1.2~1.3	无
● 0.4~0.6	● 1~1.1	● 1.3~1.4	●—● 热带气旋路径

图 3-5　典型年份热带气旋引发的洪水比率图

(a) 最大洪峰比率

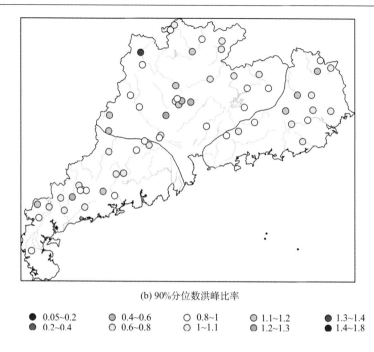

(b) 90%分位数洪峰比率

| ● 0.05~0.2 | ● 0.4~0.6 | ○ 0.8~1 | ● 1.1~1.2 | ● 1.3~1.4 |
| ● 0.2~0.4 | ● 0.6~0.8 | ○ 1~1.1 | ● 1.2~1.3 | ● 1.4~1.8 |

图 3-6　广东省热带气旋引发的最大和 90%分位数洪水比率空间分布

3.5　热带气旋对洪峰极值分布的影响

洪峰比率是基于 GEV 分布估计的 10 年一遇洪水量级计算的,因此本书进一步分析了热带气旋对洪峰极值分布的影响 (图 3-7)。热带气旋对广东省不同区域洪水的影响具有明显差异性,且粤东、粤西和粤北洪水产生机制也明显不同 (图 3-3),因此为了区分热带气旋对不同区域洪峰极值分布的影响,按照地形和洪水产生机制将广东省划分为三个分区:分区Ⅰ (粤东地区)、分区Ⅱ (粤北地区) 和分区Ⅲ (粤西地区) (图 3-8)。

从图 3-7 可以看出,广东省洪峰序列 GEV 分布的位置参数和尺度参数变化范围较大[位置参数位于 (0,1400),尺度参数位于 (0,900)],预示着空间分布上存在较大的差异性。粤东和粤西 (分区Ⅰ和分区Ⅲ) 多数站点位置参数和尺度参数分别高于 400 和 200,位置参数和尺度参数分别低于 400 和 200 的站点主要位于粤北 (分区Ⅱ)。粤北多数站点整体洪峰序列和去除热带气旋引发的洪峰序列 GEV 分布位置参数、尺度参数和形状参数基本沿着 1∶1 线,说明热带气旋引发的洪水事件对粤北洪峰极值分布曲线形状没有决定性影响。与粤北相比,粤东和粤西多数站点整体洪峰序列 GEV 分布位置参数和尺度参数明显高于去除热带气旋引发的洪水序列，说明热带气旋引发的洪水事件对粤东和粤西极值分布曲线形状有控制性影响，倾向于增加 GEV 分布曲线的位置参数和形状参数。

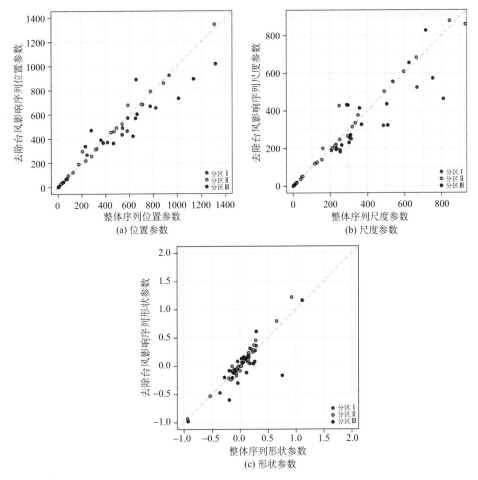

图 3-7　热带气旋对广东省洪峰序列 GEV 分布的位置、尺度和形状参数的影响

　　洪峰序列 GEV 分布曲线形状更易受到量级较大的洪水事件的影响，因此进一步检查了各站点最大 10 场洪水由热带气旋引发的比例（图 3-8）。从图 3-8 可以看出，广东省最大 10 场洪水和所有洪水由热带气旋引发的比例在空间分布上一致（图 3-3、图 3-8）。粤东和粤西最大 10 场洪水由热带气旋引发的比例高达 60%以上；而粤北最大 10 场洪水多发生在前汛期，由热带气旋引发的比例则低于 30%；整个广东省最大 10 场洪水较少发生在后汛期，比例多低于 20%。粤北地区极端大洪水多由西风带暴雨系统引发，相比之下，热带气旋引发的洪水量级则较小，因而对 GEV 分布参数的影响不明显；而粤东和粤西热带气旋多引发大量级极端

洪水，因而对 GEV 分布曲线形状有决定性影响。粤东和粤西均是广东省城市化程度较高、人口密度较大的区域[图 3-1（b）、（d）]，因此在进行防洪工程设计和城市防洪排涝设计时，有必要考虑热带气旋的影响。

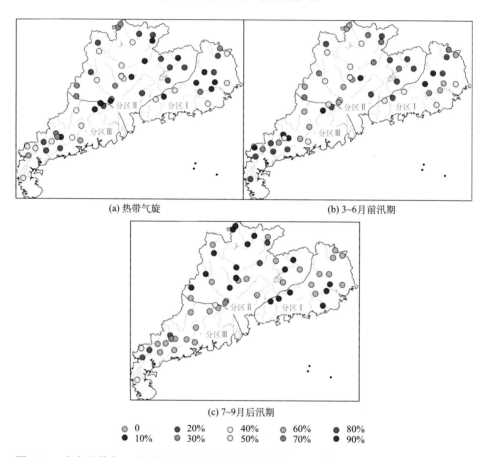

(a) 热带气旋　　　　　　　　　　　(b) 3~6月前汛期

(c) 7~9月后汛期

| ◐ 0 | ● 20% | ○ 40% | ◔ 60% | ◕ 80% |
| ● 10% | ◑ 30% | ○ 50% | ◕ 70% | ● 90% |

图 3-8　广东省最大 10 场洪水事件由热带气旋引发的、出现在前汛期和后汛期的比例分布

3.6　讨论与小结

3.6.1　讨论

　　本书从气候学的角度分析了热带气旋与洪水事件的联系及其对洪峰量级的影响。热带气旋通过引发的暴雨诱发洪水事件，然而洪水量级及引发的灾害程度不仅受到暴雨的影响，还受到人类活动的强烈干扰，如水利工程、城市化等[13,14]。粤东和粤西热带气旋引发的洪水洪峰比率明显大于 1，量级远超 10 年一遇（图

3-6）。造成这一现象的原因一方面是热带气旋引发的暴雨量级较大；另一方面是粤东和粤西是广东省城市化较为显著的两个区域[图 3-1（b）]，快速城市化导致径流系数明显提升，下渗量明显下降[14,15]，扩大了暴雨引发的洪峰量级。Yang 等比较了城市化流域和相邻天然流域的洪峰流量，发现相似降水条件下，城市化流域洪峰量级明显升高[15]。相比粤东和粤西，珠江三角洲坐落着广东省特大城市群，经济发达，人口密集，而且城市化程度高、范围广（图 3-1），加上大规模联围筑闸（20 000 多个小堤围合并为 400 多个大堤围）和简化河网水系（河道总长度也由 10 000km 缩减至 5000km）[16]加剧洪水归槽，易增加热带气旋引发的洪水量级及洪涝灾害程度。考虑到珠江三角洲社会经济及人口安全，急需开展珠江三角洲城市化对热带气旋引发的极端洪水灾害的研究。

针对具体台风事件产生降水的原因及其对洪水的影响已有较多研究[17-19]，如台风"桑美"和"海棠"对降水结构的影响及台风"菲特"对太湖流域洪水过程的影响。本书主要关注热带气旋对洪水事件影响的长时期及趋势性特征，尽管研究区域为受热带气旋影响比较频繁的广东省，但是本书的研究思路对于同样受热带气旋频繁影响的福建、江苏、浙江、山东等省份也有借鉴意义。

3.6.2　小结

（1）广东省洪峰分布具有混合产生机制，热带气旋在洪水混合产生机制中具有重要的作用。洪水事件由热带气旋引发的比例在空间分布上具有明显的差异性，高比例的区域主要集中在粤东和粤西。广东省洪峰分布呈现明显的季节性特征：粤北地区洪峰主要出现在前汛期，受西风带系统暴雨影响；粤东和粤西洪峰主要由热带气旋引发，受热带天气系统暴雨影响。

（2）粤东和粤西极端大洪水主要由热带气旋引发。粤东的莲花山、粤西的云雾山及粤北的高海拔地形是热带气旋对广东省洪水影响程度的自然分界线，减小了从粤东和粤西登陆的热带气旋对粤北中南部地区的影响，却无法有效地减小从福建登陆的沿着粤北外围边界移动的热带气旋带来的影响，导致粤北靠近边界区域发生极端大洪水。

（3）粤东和粤西热带气旋引发的洪水事件占最大 10 场洪水的 60%以上，因而对洪峰序列极值分布曲线形状有决定性影响，倾向于增加 GEV 分布的位置参数和尺度参数。粤北年最大 10 场洪水事件主要出现在前汛期，与热带气旋的联系较弱，因此热带气旋引发的洪水事件对粤西洪峰极值分布曲线形状影响较小。

参 考 文 献

[1]　温克刚, 宋丽莉. 中国气象灾害大典. 广东卷. 北京: 气象出版社, 2006.

[2]　Smith J A, Villarini G, Baeck M L. Mixture distributions and the hydroclimatology of extreme

rainfall and flooding in the eastern United States. Journal of Hydrometeorology, 2011, 12(2): 294-309.

[3] 牛海燕, 刘敏, 陆敏, 等. 中国沿海地区近 20 年台风灾害风险评价. 地理科学, 2011, 31(6): 764-768.

[4] 牛海燕. 中国沿海台风灾害风险评估研究. 上海: 华东师范大学硕士学位论文, 2012.

[5] 程正泉, 陈联寿, 李英. 登陆台风降水的大尺度环流诊断分析. 气象学报, 2009, 67(5): 840-850.

[6] 申茜, 张世轩, 赵俊虎, 等. 近海台风对中国东部夏季降水的贡献. 物理学报, 2013, 62(18): 189201.

[7] 顾西辉, 张强. 考虑水文趋势影响的珠江流域非一致性洪水风险分析. 地理研究, 2014, 33(9): 1680-1693.

[8] 顾西辉, 张强, 刘剑宇, 等. 变化环境下珠江流域洪水频率变化特征、成因及影响 (1951-2010 年). 湖泊科学, 2014, 26(5): 661-670.

[9] Villarini G, Goska R, Smith J A, et al. North Atlantic tropical cyclones and U. S. flooding. Bulletin of the American Meteorological Society, 2014, 95(9): 1381-1388.

[10] Ying M, Zhang W, Yu H, et al. An overview of the China Meteorological Administration tropical cyclone database. Journal of Atmospheric and Oceanic Technology, 2014, 31(2): 287-301.

[11] 周晓霞, 丁一汇, 王盘兴. 夏季亚洲季风区的水汽输送及其对中国降水的影响. 气象学报, 2008, 66(1): 59-70.

[12] Rowe S T, Villarini G. Flooding associated with predecessor rain events over the Midwest United States. Environmental Research Letters, 2013, 8(2): 024007.

[13] 顾西辉, 张强, 陈晓宏, 等. 气候变化与人类活动联合影响下东江流域非一致性洪水频率. 热带地理, 2014, 34(6): 746-757.

[14] 赵刚, 史蓉, 庞博, 等. 快速城市化对产汇流影响的研究: 以凉水河流域为例. 水力发电学报, 2016, 35(5): 55-64.

[15] Yang L, Smith J A, Wright D B, et al. Urbanization and climate change: an examination of nonstationarities in urban flooding. Journal of Hydrometeorology, 2012, 14(6): 623-631.

[16] 彭涛, 陈晓宏, 刘霞, 等. 珠江三角洲洪水孕灾环境变化及其洪水响应. 水文, 2008, 28(5): 57-60.

[17] 陈镭, 徐海明, 余晖, 等. 台风 "桑美" (0608)登陆前后降水结构的时空演变特征. 大气科学, 2010, 34(1): 105-119.

[18] 岳彩军, 寿绍文, 曾刚, 等. "海棠" (Haitang)台风降水非对称分布成因初步研究. 高原气象, 2008, 27(6): 1333-1342.

[19] 林荷娟, 甘月云, 胡艳, 等. 2013年第23号 "菲特" 台风期间太湖流域洪水运动分析. 湖泊科学, 2015, 27(3): 548-552.

第4章　洪水极值及平均流量时空特征受低频气候变化的影响

气候变化引起水资源时空分布规律发生改变，进一步影响人类健康、经济活动、生态系统及地球物理过程[1]。尤其是 ENSO 等低频气候变化作为自然气候变化的主导信号对全球大部分地区气候有强烈的影响[2]。因此，全球和流域尺度下径流变化特征与 ENSO 等低频气候变化之间的关系则成为近年来的研究热点。

不同空间尺度及不同区域的径流变化特征与不同信号低频气候之间的联系具有时空多样性[3-5]。Ward 等从全球尺度上研究 ENSO 对洪水的影响发现大部分地区洪水在 La Niña 时期加强，El Niño 时期则相反，并且 ENSO 与洪水的关系强度呈非平稳性[6]。Lorenzo-Lacruz 等分析了 Iberian Peninsula 187 个子流域月径流和 NAO 之间的关系，认为 NAO 对 Iberian Peninsula 冬季径流和 Atlantic 秋季径流有显著影响[7]。Ouyang 等研究了 ENSO 和 PDO 对过去 100 年来中国主要流域径流的影响，El Niño/PDO 暖相位径流降低，La Niña/PDO 冷相位则相反[8]。Zhang 等基于连续小波转换（continuous wavelet transform，CWT）、交叉小波和小波相干分析了 ENSO 对长江流域年最大洪峰流量的影响，长江流域上游主要受印度夏季风的影响而上游主要受东亚夏季风的影响[9]。Lü 等研究了 Niño 1.2、Niño 3、Niño 4 和 Niño 3.4 南方涛动指数对黄河流域上游月径流的影响[10]。

珠江流域位于中国华南地区，在流域面积上是中国第三大流域，在年径流量上则排名中国第二，具有丰富的水资源[11]。珠江流域位于亚洲季风区域[12]，而亚洲季风受到 ENSO 的显著影响[13]，同时也受到 NAO[14]、IOD[15] 和 PDO[13] 的重要影响。因此有大量的研究调查了低频气候变化对珠江流域气候的影响。Niu 认为 ENSO 对东部降水有显著影响，IOD 对珠江流域中部和东部降水有显著影响[16]。Gu 等指出 3 月 NAO 对中国东南部（即珠江流域）降水有显著影响[17]。Zhao 等认为 ENSO 和 PDO 均与珠江流域极端降水具有一致的周期特征，因而均对珠江流域降水有重要的影响[18]。

近几十年来，气候变化对珠江流域径流特征（年平均流量和年洪峰流量）有明显的影响[19-22]。然而大部分研究集中在低频气候变化对珠江流域降水的影响，很少有研究具体分析 ENSO、NAO、IOD 和 PDO 引起的年平均流量和洪水极值的时空变化特征，仅有的一些研究往往局限在少数站点[8]，缺少对遍布整个珠江流域大多数站点的详细分析。而且目前没有关于 ENSO、NAO、IOD 和 PDO 对珠江流域年平均流量和洪水极值的影响量级的研究，本书的意义正是在于弥补上述研究的空缺。

4.1　研究区域和数据

珠江流域拥有丰富的水资源，但是水资源时空分布不均匀，平均每年总流量的 80%发生在汛期（即 4~9 月），严重影响了对水资源的有效利用[20]。珠江流域径流变化特征对中国重要经济地带——珠江三角洲的社会、经济发展具有重要的影响，并且其主要支流之一东江流域则满足香港 80%的年供水需求[23]。因此研究 ENSO、NAO、IOD 和 PDO 对珠江流域径流特征的影响具有重要的意义。

本书收集了遍布珠江流域 62 个水文站点 1960~2000 年月径流量数据（图 4-1）[24]，数据有少量缺测，采用前后 7 年平均法进行插值，数据来源于中华人民共和国水利部。将月径流量数据处理成年平均流量（Q_{ann}，单位为 m^3/s）。同时收集了遍布珠江流域 28 个水文站点 1951~2010 年年洪峰极值数据（Q_{max}，单位为 m^3/s）（图 4-1）[20-22]，数据有少量缺测，采用相邻站点年洪峰极值数据进行插值，数据来源于广东省水文局。

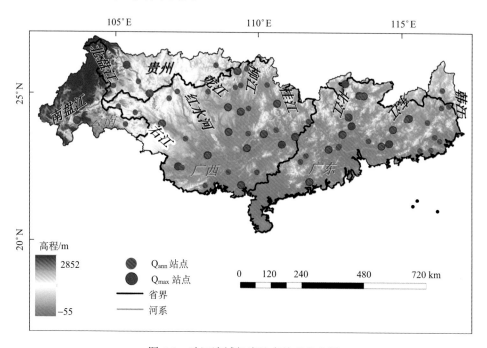

图 4-1　珠江流域径流站点地理分布图

ENSO 表示为 Niño 3.4 区（5°N~5°S，12°~170°W）SST 距平值。1950~2010 年月 ENSO 数据来源于美国国家海洋和大气管理局气候预测中心（Climate Prediction Center of National Oceanic and Atmospheric Administration，NOAA）。网站地址：http://www.cpc.ncep.noaa.gov/products/precip/CWlink/MJO/enso. shtml.

NAO 表示为靠近亚速尔和冰岛的大气压力中心的子午偶极。1950~2010 年月 NAO 数据来源于 NOAA，网站地址：http://www.cpc.ncep.noaa.gov/products/precip/CWlink/pna/nao.shtml.

IOD 是海洋-大气耦合现象，定义为：西赤道印度洋（the western equatorial Indian Ocean）和东南赤道印度洋（the southeastern equatorial Indian Ocean）之间温度差的距平，由偶极子指数度量（dipole mode index，DMI）。1950~2010 年月 IOD 数据来源于日本海洋研究开发中心（Japan Marine Science and Technology Center）。网站地址：http://www.jamstec.go.jp/frsgc/research/d1/iod/iod/dipole_ mode_ index.html.

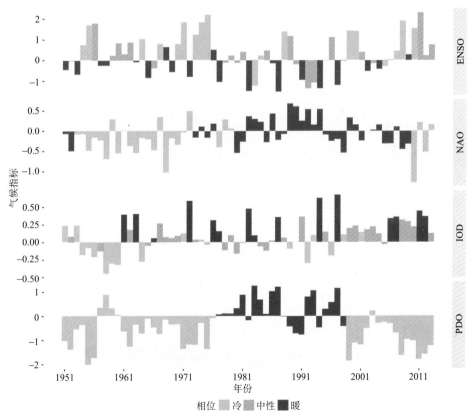

图 4-2　ENSO、NAO、IOD 和 PDO 不同相位时间变化特征

PDO 是位于 20°N 的北太平洋月 SST 距平的主导成分。1950~2010 年月 PDO 数据来源于 NOAA，网站地址：http://www.esrl.noaa.gov/psd/data/correlation/pdo.data.

将 ENSO、NAO、IOD 和 PDO 月时间数据处理成年时间数据（图 4-2）。ENSO、NAO、IOD 和 PDO 正负值分别表示暖、冷相位，其中 ENSO、IOD 还有处于中性相位时期。根据以往的研究[8,25,26]，分别提取 ENSO、NAO、IOD 和 PDO 处于暖、冷时期的年份（图 4-2）。

4.2　研　究　方　法

4.2.1　年平均和洪峰流量序列空间分解及时间模态

Q_{ann} 和 Q_{max} 具有非线性、相关性及高维度等特征。首先将 Q_{ann} 和 Q_{max} 进行自然对数转换[$\ln(Q_{ann})$ 和 $\ln(Q_{max})$][6,27,28]，对转换后的序列采用旋转正交分解函数（rotated empirical orthogonal functions，REOFs）分解成空间模态（用 EOF 进行表示）和相应的时间模态（用 PC 进行表示）。另外采用 REOFs 分解还有以下优势：①通过分析低频气候信号与分解的时间模态的相关关系结合相应的空间模态，能够有效地评估大气变化对气象水文的影响[29,30]；②REOFs 能够集合随机分布在整个流域内的罕见洪水事件[27]。

经验正交分解函数（EOFs）广泛应用于气象水文学领域[30,31]。连续的时间-空间序列 $X(t,s)$ 与分解后的时间和空间模态的关系为[32]

$$X(t,s) = \sum_{k=1}^{M} c_k(t)u_k(s) \tag{4-1}$$

式中，t 为时间；s 为空间；M 为获得的模态数量；$u_k(s)$ 为最优设置的空间基础函数；$c_k(t)$ 为相对应的时间扩展函数。

空间正交和时间非相关性是强加在 EOF 模态物理解释上的限制，而旋转经验正交分解法由于其简便性被广泛运用来达成这一目的。旋转经验正交分解法详细的过程请有兴趣的读者阅读文献[32]。

在运用旋转正交分解法时，如何选取 REOFs 模态数量是一个关键问题。理论上所有的 REOFs 模态均需要选择，但是这样做会采用价值较小的信息并且难以达成降维目的。Hannachi 等通过排除较小特征值对应的模态[33]，从而选择 EOFs 模态数量。Xiao 等则通过累积解释方差来选择 EOFs 模态数量[30]。本书同时分析特征值和累积解释方差来选择 REOFs 模态数量。

4.2.2　气候指标和年平均及洪峰流量的遥相关关系

通过计算 ENSO、NAO、IOD 和 PDO 分别与 $\ln(Q_{ann})$ 和 $\ln(Q_{max})$ 的 REOFs

时间分解模态的 Pearson 相关系数[34]分析 ENSO、NAO、IOD 和 PDO 对年平均和洪峰流量的可能影响（显著性水平为 0.1）。气候指标对珠江流域年平均和洪峰流量的影响可能出现在同一年份或延迟一年，因此分别研究了提前 0 年和 1 年的气候指标与年平均和洪峰流量的关系。

ENSO、NAO、IOD 和 PDO 的强度随时间而变化[6]，因此有必要检验 ENSO、NAO、IOD 和 PDO 与年平均和洪峰流量相关强度的时间平稳性。以 21 年为时间尺度[6,35]计算提前 0 年和 1 年气候指标值与相应的 $\ln(Q_{ann})$ 和 $\ln(Q_{max})$ 的相关系数。对于 Q_{ann}，从 1960~1970 年到 1980~2000 年，共 21 个滑动窗口；对于 Q_{max}，从 1951~1971 年到 1990~2010 年，共 40 个滑动窗口。分别统计 Q_{ann} 和 Q_{max} 相关系数达到显著性（显著性水平为 0.1）窗口数量占总窗口的比例，然后采用 MK 法分别检测 Q_{ann} 和 Q_{max} 滑动相关系数序列的时间趋势性（显著性水平为 0.1）。

进一步分析 ENSO、NAO、IOD 和 PDO 在不同冷、暖事件/时期下对年平均和洪峰流量的单独和联合影响，并用 t 检验年平均流量和洪峰流量在不同冷、暖事件/时期下的差异显著性（显著性水平为 0.1）。

4.2.3　气候指标对年平均和洪峰流量影响的遥感性分析

ENSO、NAO、IOD 和 PDO 对年平均和洪峰流量影响的灵敏度通过线性最小二乘回归方程计算[6,27,28]：

$$\ln q_i = \beta_0 + \beta_1 a_i + \varepsilon_i \tag{4-2}$$

式中，q_i 为 Q_{ann} 和 Q_{max} 第 i 年的实测值；a_i 为 ENSO、NAO、IOD 和 PDO 相应的 Q_{ann} 和 Q_{max} 提前 0 年和 1 年的指标值；β_0 和 β_1 为回归系数；ε_i 为误差项。

其中 β_1 代表 ENSO、NAO、IOD 和 PDO 对 Q_{ann} 和 Q_{max} 的影响灵敏度，$\beta_1 \times 100$ 表示单位气候指标值变化引起 q_i 变化的百分比。珠江流域 62 个站点的 Q_{ann} 和 28 个站点的 Q_{max} 序列分别有 41 年和 60 年的序列长度，能够确保得到的灵敏值是相对合理的。本书只研究自然气候变化对年平均和洪峰流量的影响，没有将土地利用变化、水库、河道取排水等非气候变化因素的影响考虑进去，尤其是水库等人类活动常常使年平均和洪峰流量发生变异[20-22]。但是低频气候变化往往能够影响年平均和洪峰流量的年际间变化。

4.3　气候指标对年平均和洪峰流量时空分解模态的影响

Q_{ann} 和 Q_{max} 在经过 REOFs 分解后，均选择五个模态进行分析。Q_{ann} 和 Q_{max} 五个模态分别占总解释方差的 83.1%和 70.9%（图 4-3），远超过一般需要达到 50% 的需求。对于 Q_{ann}，模态 5 以后特征值变化逐渐趋于平缓，变化幅度较小，解释方差平均增加 1.92%；而前五个模态解释方差分别为 47.8%、18.2%、9.2%、4.5% 和 3.4%（图 4-3，Q_{ann}）。对于 Q_{max}，模态 5 以后特征值变化幅度相比之前明显减缓，变化幅度降低，解释方差平均增加 3.48%；而前五个模态解释方差分别为 31.2%、15%、10.1%、8.7%和 5.9%。

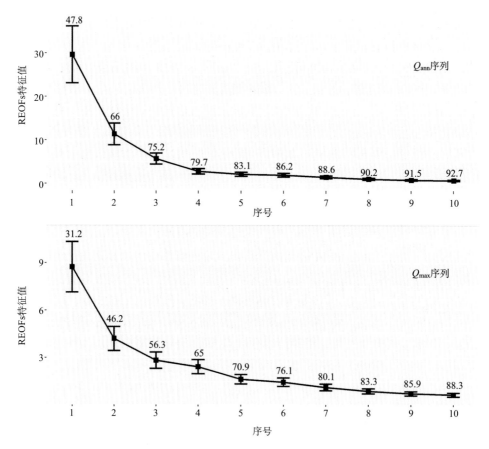

图 4-3　珠江流域 Q_{ann} 和 Q_{max} 序列 REOFs 特征值及累积解释方差

数字表示累积解释方差，两条短横表示特征值的 95%置信区间上下限

选择了旋转正交分解的模态后，本书计算了气候指标和时间模态之间的 Pearson 相关系数（图 4-4）。对于 Q_{ann}，旋转正交分解时间模态 PC2 受到当年 PDO 和前一年 NAO 显著的负相关影响，PC2 受到前一年 ENSO 显著的负相关影响；而对于 PC1 和 PC4，相较于其他的气候指标，更多地受到前一年 ENSO 正相关影响和当年 IOD 负相关影响（图 4-4，Q_{ann}）。对于 Q_{max}，旋转正交分解时间模态 PC2 分别受到前一年 IOD 显著负相关影响和前一年 ENSO 显著正相关影响，PC3 受到前一年 PDO 显著正相关影响，PC4 和 PC5 均受到当年 IOD 显著负相关影响。

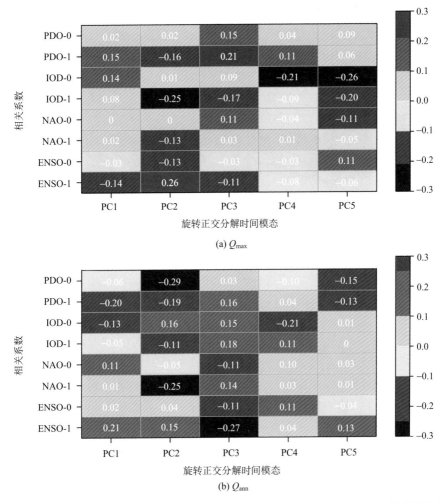

(a) Q_{max}

(b) Q_{ann}

图 4-4　珠江流域 Q_{ann} 和 Q_{max} REOFs 时间模态分别和气候指标之间 Pearson 相关系数分布图

气候指标连接"–0"和"–1"分别表示相比 Q_{ann} 和 Q_{max} 提前 0 年和 1 年。深蓝色和红色分别表示相关系数达到 0.1 显著性水平

图 4-5 给出了 Q_{ann} REOFs 分解空间模态分布图。结合图 4-4 和图 4-5 可以看出：前一年正 ENSO 趋向于引起珠江流域中部 Q_{ann} 减小（图 4-5，EOF1）；前一年正 NAO 和当年正 PDO 均引起珠江流域东部和北江流域 Q_{ann} 增加（图 4-5，EOF2），中国东部南方地区在强 NAO 信号时，春季降水增加[36]，可能引起年平均径流增加，并且珠江流域东部地区（包含北江流域）在 PDO 暖相位影响下年降水也在增加[8]，导致年平均流量增加；前一年正 ENSO 引起珠江流域中北部（柳江和龙江）Q_{ann} 减小（图 4-5，EOF3）；当年正 IOD 趋向于引起珠江流域西北部（北盘江）Q_{ann} 增加（图 4-5，EOF4）。

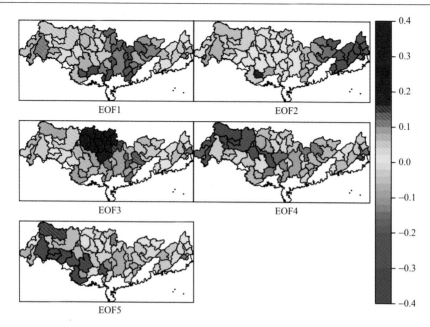

图 4-5　珠江流域 Q_{ann} 序列 REOFs 空间模态分布图

图 4-6 给出了 Q_{max} REOFs 分解空间模态分布图。PC2、PC3、PC4 和 PC5 均受气候指标的显著影响（图 4-4，Q_{max}）。结合图 4-4 和图 4-6 可以看出，前一年负 IOD 引起珠江流域中北部 Q_{max} 减少，然而前一年负 ENSO 引起珠江流域中北

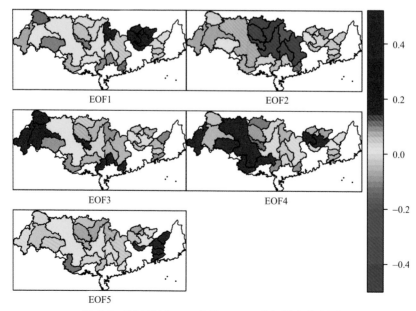

图 4-6　珠江流域 Q_{max} 序列 REOFs 空间模态分布图

部 Q_{max} 增加（图 4-6，EOF2）；前一年正 PDO 引起珠江流域西部 Q_{max} 增加（图 4-6，EOF3）；当年负 IOD 引起珠江流域西南部 Q_{max} 增加（图 4-6，EOF4）和东江流域 Q_{max} 增加（图 4-6，EOF5）。

4.4　气候指标对年平均和洪峰流量影响的时间平稳性

以 21 年为一个时间窗口，从 1960~1980 年滑动到 1980~2000 年，共 21 个时间窗口，计算了每个时间窗口气候指标和 Q_{ann} 的相关系数，并统计了显著性达到 0.1 水平的窗口数量占总窗口数量的百分比及相关系数的时间趋势（图 4-7）。对于前一年 ENSO，具有持续可靠相关强度的区域集中在北江、柳江及右江，其

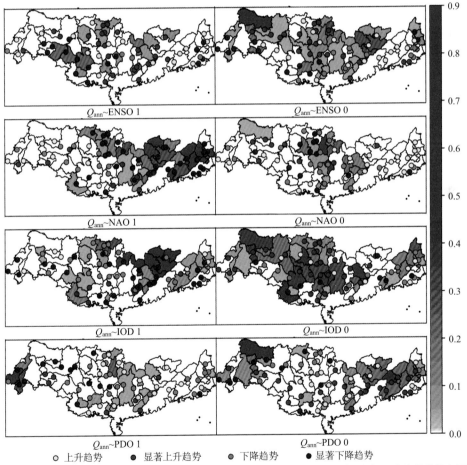

图 4-7　珠江流域 Q_{ann} 与气候指标值 21 年滑动相关系数达到显著性的年份占滑动次数的比例及滑动相关系数时间趋势分布图

显著性水平为 0.1

中北江和柳江相关强度呈显著上升趋势，右江则呈显著下降趋势（图 4-7，ENSO 1），当年 ENSO 对珠江流域中部、西北部及北江流域具有持续可靠的相关强度，并且相关强度在珠江流域中部、西北部呈显著上升趋势（图 4-7，ENSO 0）。前一年 NAO 对珠江流域中部及东部保持持续可靠的相关强度但是相关系数呈显著下降趋势，而当年 NAO 主要对珠江流域中部一部分地区保持持续可靠的相关强度，相关系数呈下降趋势（图 4-7，NAO 1 和 NAO 0）。前一年 IOD 主要对北江流域和珠江流域东部地区具有持续可靠的相关强度，但是相关系数呈显著下降趋势，当年 IOD 几乎与整个珠江流域（除了北江流域）保持持续可靠的相关强度且整个西江流域相关系数呈显著增加趋势（图 4-7，IOD 1 和 IOD 0）。前一年 PDO 与珠江流域显著相关强度的持续性较差，而当年 PDO 则对东部及北江流域具有持续可靠的相关强度且相关系数呈显著增加趋势（图 4-7，PDO 1 和 PDO 0）。

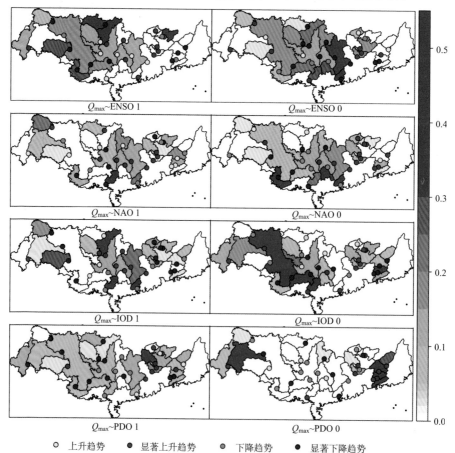

图 4-8　珠江流域 Q_{max} 与气候指标值 21 年滑动相关系数达到显著性的年份占滑动次数的比例及滑动相关系数时间趋势分布图

显著性水平为 0.1

相似于 Q_{ann}，以相同的方式分析了 Q_{max} 与气候指标相关强度的时间平稳性和趋势（图 4-8）。从图 4-8 中可以看出，前一年和当年 ENSO 均对整个西江流域保持持续可靠的相关强度，但是前一年 ENSO 与 Q_{max} 相关系数在右江流域呈显著下降趋势，而当年 ENSO 与 Q_{max} 相关系数在柳江和龙江呈显著下降趋势（图 4-8，ENSO 1 和 ENSO 0）。前一年 NAO 主要对西江下游保持持续可靠的相关强度且相关系数呈显著上升趋势，而当年 NAO 主要对西江流域中部及中西部保持持续可靠的相关强度，且北江流域和西江下游相关系数呈显著上升趋势（图 4-8，NAO 1 和 NAO 0）。前一年 IOD 对珠江流域中部及北江流域保持持续可靠的相关强度，珠江流域中部地区相关系数呈显著上升趋势而北江流域呈显著下降趋势；当年 IOD 对珠江流域中南部、北江流域及东江流域保持持续可靠的相关系数，右江、西江下游干流及东江流域相关系数呈显著下降趋势而北江流域呈显著上升趋势（图 4-8，IOD 1 和 IOD 0）。前一年 PDO 几乎对整个珠江流域保持持续可靠的相关强度，西江流域中部及中西部相关系数呈显著下降趋势，而北江流域则呈显著上升趋势；当年 PDO 与珠江流域保持持续可靠相关强度的影响集中在东江流域和珠江流域西部，东江流域相关系数呈显著上升趋势（图 4-8，PDO 1 和 PDO 0）。

4.5　不同事件/时期气候指标对年平均和洪峰流量的影响

Q_{ann} 分别在气候指标冷暖事件/时期下的差异见图 4-9。相比于 ENSO 暖事件，在处于 ENSO 冷事件时，珠江流域中西部 Q_{ann} 较低，而珠江流域东部及北江流域 Q_{ann} 较高（图 4-9，ENSO–/ENSO+），但是所有区域的差异均未达到显著性水平。而 NAO 冷暖事件对 Q_{ann} 的影响正相反，在处于 NAO 冷事件时，珠江流域中西部 Q_{ann} 较高而珠江流域东部及北江流域 Q_{ann} 较低，且差异达到了显著性水平（图 4-9，NAO–/NAO+）。对于 IOD 和 PDO 来说，几乎整个珠江流域当处于 IOD 冷事件或 PDO 冷时期时，Q_{ann} 处于较低水平，但是差异均未达到显著性水平（图 4-9，IOD–/IOD+和 PDO–/PDO+）。对于 PDO 来说，南盘江流域在冷时期时，Q_{ann} 处于较高水平，且差异性达到了显著性水平。由于 Q_{ann} 只有 41 年的序列长度，故而没有继续分析气候指标处于冷暖事件/时期下对 Q_{ann} 的联合影响。

气候指标处于冷暖事件/时期下对 Q_{max} 的单独和联合影响见图 4-10。相比于暖 ENSO 事件，处于冷 ENSO 事件时，西江东北部和东江流域 Q_{max} 处于较高水平，其他区域则处于较低水平，冷暖差异未达到显著性水平（图 4-10，ENSO–/ENSO+）。相比于 PDO 冷时期，PDO 暖时期下 ENSO 冷事件更易引发西江东北部及北江流域 Q_{max} 增加，ENSO 暖事件更易引发整个西江流域和北江流域 Q_{max} 增

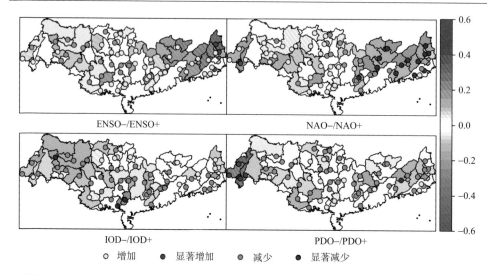

图 4-9 珠江流域 Q_{ann} 在气候指标单独影响下冷暖相位的差异比例及 t 检验的差异显著性

显著性水平为 0.1;"+"表示正相位;"−"表示负相位

加。相比于 NAO 暖事件,西江流域东北部及北江流域在 NAO 冷事件下 Q_{max} 处于较低水平,而东江流域和西江西南部则相反(图 4-10,NAO−/NAO+)。相比于 PDO 冷时期,PDO 暖时期下,大部分西江流域在 NAO 冷事件下 Q_{max} 处于较高水平,而西江流域东北部 Q_{max} 在暖 NAO 下处于较低水平。右江流域在 IOD 冷时期下 Q_{max} 比 IOD 暖时期下显著增加(图 4-10,IOD−/IOD+)。相比于 PDO 冷时期,PDO 暖时期下的 IOD 冷事件趋向于引起西江东北部 Q_{max} 增加,IOD 暖事件趋向于引起整个西江流域和北江流域 Q_{max} 增加。PDO 冷时期下,东江流域 Q_{max} 处于较高水平,其他区域冷暖时期 Q_{max} 差异则较小(图 4-10,PDO−/PDO+)。

　　珠江流域所有站点 Q_{ann} 和 Q_{max} 通过距平处理,分别建立与气候指标之间的关系,并用箱型图表示不同等级的 Q_{ann} 和 Q_{max} 对应的气候指标的离散程度(图 4-11)。就珠江流域所有站点来看,ENSO、NAO 和 PDO 对整个珠江流域超过平均水平的 Q_{ann} 的影响在正负相位并没有显著差别,然而负相位的 ENSO、NAO 和 PDO 易引发 Q_{ann} 处于低水平(Q_{ann} 低于平均水平的一半),可能导致珠江流域水资源短缺,IOD 暖相位易引发珠江流域 Q_{ann} 极大的增加(Q_{ann} 超过平均水平的两倍以上)[图 4-11(a)~(d)],可能导致水资源较为丰沛。相比于 Q_{ann},气候指标对 Q_{max} 的影响尤其是极端洪水的影响较为显著。极端洪水(Q_{max} 超过平均水平的两倍以上)易发生在 ENSO 暖相位、NAO 冷相位、IOD 暖相位和 PDO 冷相位时期[图 4-11(e)~(h)],这些时期珠江流域防洪风险增加。

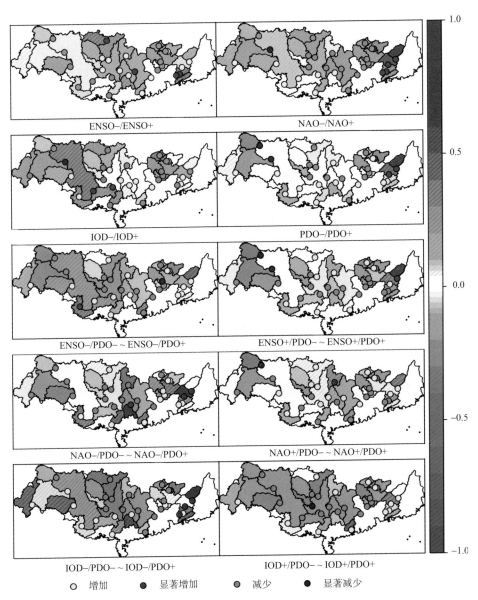

图 4-10　珠江流域 $Q_{\max}$ 分别在气候指标单独和联合影响下冷暖相位的差异比例
及 t 检验的差异显著性

显著性水平为 0.1；"+"表示正相位；"-"表示负相位

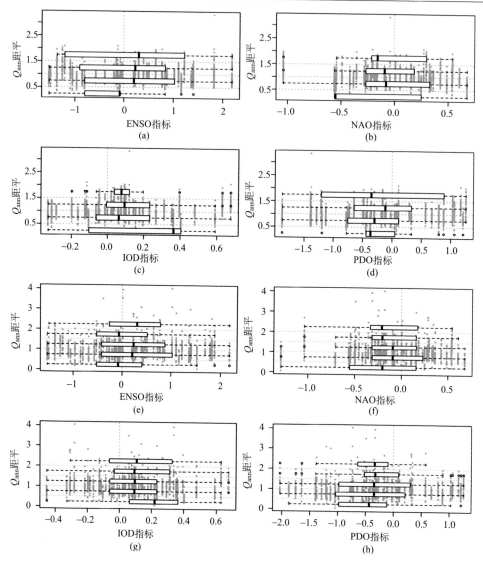

图 4-11　整个珠江流域 Q_{ann} 和 Q_{max} 距平值与气候指标的关系

距平值等于 Q_{ann} 或 Q_{max} 分别除以相对应的均值

4.6　气候指标对年平均和洪峰流量灵敏度影响

通过灵敏度定量分析气候指标对 Q_{ann} 和 Q_{max} 的影响（图 4-12、图 4-13）。从图 4-12 中可以看出，前一年和当年 ENSO 对 Q_{ann} 的影响较小，大部分地区灵敏度处于 0.1 以下，即单位 ENSO 的增加引起低于 10%的 Q_{ann} 的减少，且大部分地

区 Q_{ann} 对于前一年 ENSO 更敏感。前一年 NAO 对珠江流域东部、北江及柳江地区 Q_{ann} 有较明显的影响，单位 NAO 的增加引起上述地区 Q_{ann} 增加 10%~20%；当年 NAO 主要引起西江流域 Q_{ann} 减少，单位 NAO 的增加引起西江 Q_{ann} 减少 10%，珠江流域东部 Q_{ann} 增加 10%~20%。在四个气候指标中 IOD 对珠江流域的影响最为显著，东江流域、北江流域、柳江和龙江对于前一年的 IOD，灵敏度处于 0.1~0.3，单位 IOD 的增加引起上述地区 Q_{ann} 增加 10%~30%；当年 IOD 对整个西江流域的灵敏度处于 0.1~0.4，而对于珠江流域东部（东江、韩江）灵敏度处于−0.3~ −0.1，北江流域 Q_{ann} 对前一年 IOD 敏感。珠江流域大部分地区 Q_{ann} 对前一年和当年 PDO 的灵敏度较低，总体来说处于 0.1 以下的水平，单位 PDO 的增加仅引起大部分地区 Q_{ann} 的增加比例不足 10%。

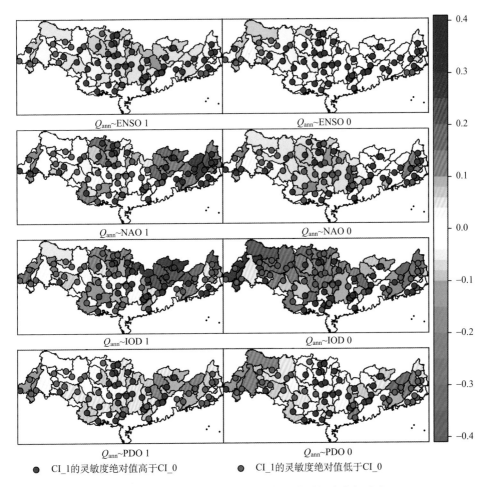

图 4-12　珠江流域 Q_{ann} 与气候指标值的灵敏度空间分布

CI_1 和 CI_0 分别表示相应气候指标值序列提前 1 年和 0 年

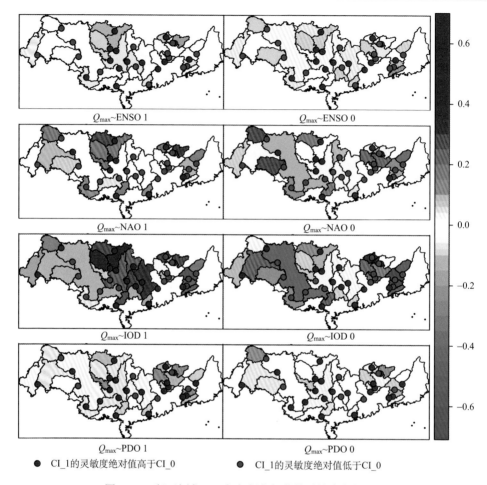

图 4-13 珠江流域 Q_{max} 与气候指标值的灵敏度空间分布

CI_1 和 CI_0 分别表示相应气候指标值序列提前 1 年和 0 年

图 4-13 给出了 Q_{max} 相对于各个气候指标灵敏度的空间分布。从图 4-13 中可以看出，前一年单位 ENSO 的增加引起珠江流域大部分地区 Q_{max} 减少 0~10%，而当年单位 ENSO 的增加引起珠江流域大部分地区 Q_{max} 增加 0~10%，西江中部干流 Q_{max} 对于前一年 ENSO 的灵敏度高于当年 ENSO。前一年单位 NAO 的增加引起珠江流域支流龙江 Q_{max} 增加 10%~20%，当年 NAO 对 Q_{max} 灵敏度的影响在空间分布上比较零散，西江下游、北江及东江当年 NAO 对 Q_{max} 的灵敏度高于前一年 NAO。相比其他气候指标，IOD 对珠江流域 Q_{max} 的灵敏度要大得多，前一年单位 IOD 的增加引起西江流域东北部 Q_{max} 增加 20%~50%，而西江流域西南部及东江流域 Q_{max} 减少 10%~40%；当年单位 IOD 的增加主要引起右江和东江流域 Q_{max} 减少 10%~40%，西江东北部受到前一年 IOD 的灵敏度要大于当年 IOD。前

一年 PDO 和当年 PDO 对于珠江流域 Q_{max} 的灵敏度处于 0~0.1 范围内，即前一年和当年单位 PDO 的增加均引起珠江流域大部分地区 Q_{max} 增加 0~10%。@@

为了进一步比较对应气候指标下 Q_{ann} 和 Q_{max} 的灵敏度大小，计算出 Q_{max} 灵敏度高于 Q_{ann} 灵敏度的面积，将珠江流域分为 0.5°×0.5° 的栅格，采用反距离权重插值，统计分析 Q_{max} 高于 Q_{ann} 的栅格数量与总栅格数量的比例（图 4-14）。ENSO 和 PDO 对 Q_{max} 和 Q_{ann} 灵敏度的差异较小，差异范围集中在 10% 以内。前一年和当年 ENSO、前一年和当年 PDO 对 Q_{max} 的灵敏度大于 Q_{ann} 的面积分别为 59%、71%、43% 和 14%。西江大部分区域前一年 NAO 对 Q_{max} 的灵敏度明显大于 Q_{ann}，占总面积的比例为 56%，而北江和珠江流域东部则相反；西江下游干流当年

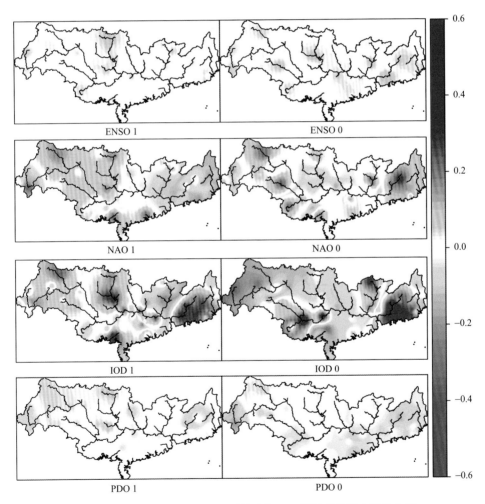

图 4-14　对应气候指标下 Q_{max} 灵敏度与 Q_{ann} 灵敏度差异空间分布图

NAO 对 Q_{max} 的灵敏度明显大于 Q_{ann}，占总面积的比例为 59%，而珠江流域东部及西江上游南盘江区域 Q_{max} 的灵敏度明显小于 Q_{ann}。IOD 对珠江流域 Q_{max} 和 Q_{ann} 灵敏度的差异性在所有气候指标中最明显。珠江流域上游、柳江和东江前一年 IOD 对 Q_{max} 的灵敏度明显大于 Q_{ann}，占总面积的比例为 71%；右江、北江和东江当年 IOD 对 Q_{max} 的灵敏度明显大于 Q_{ann}，占总面积的比例为 36%。

4.7　小　　结

（1）采用 REOFs 集中分析气候指标对 Q_{ann} 和 Q_{max} 的影响发现：前一年正 ENSO 相位主要引起珠江流域中部、中北部（柳江和龙江）Q_{ann} 和 Q_{max} 减少；当年正 IOD 相位倾向于引起北盘江 Q_{ann} 增加而南盘江和东江流域 Q_{max} 减少；前一年正 NAO 相位和当年正 PDO 相位引起珠江流域东部和北江流域 Q_{ann} 增加，而前一年正 PDO 相位引起珠江流域西部 Q_{max} 增加。

（2）各气候指标与 Q_{ann} 和 Q_{max} 的相关强度时间平稳性及趋势差异性较大。对于 Q_{ann}，当年 ENSO 和 IOD 均对西江大部分区域、当年 PDO 对珠江流域东部和北江保持持续显著相关影响，且相关强度呈显著上升趋势，最有利于 Q_{ann} 的预测；对于 Q_{max}，前一年 NAO 和 IOD 及当年 NAO 均对珠江流域中部保持持续显著相关影响，且相关强度呈显著上升趋势，最有利于 Q_{max} 预测。

（3）Q_{ann} 和 Q_{max} 在气候指标处于不同冷暖事件的影响下具有较大的区域差异性。相对于 ENSO 暖事件，在处于 ENSO 冷事件时，珠江流域东部及北江 Q_{ann} 明显增加，而 NAO 则相反；珠江流域大部分地区 Q_{ann} 在 IOD 冷事件及 PDO 冷时期相对于 IOD 暖事件及 PDO 暖时期均倾向于减小。气候指标对 Q_{max} 的影响相比 Q_{ann} 区域差异性更大，更为复杂。PDO 对 ENSO、NAO 和 IOD 与 Q_{max} 的关系有明显的调节作用。就整个珠江流域来看，负相位 ENSO、NAO 和 PDO 倾向于引发 Q_{ann} 处于较低水平，导致干旱风险增加；而正相位的 ENSO 和 IOD 及负相位的 NAO 和 PDO 倾向于引发 Q_{max} 处于较高水平，导致极端洪水风险增加。

（4）Q_{max} 对于气候指标变化的灵敏度要高于 Q_{ann}。单位气候指标变化平均引起 Q_{ann} 和 Q_{max} 分别发生 0.3%~24%、0.5%~31% 的改变，其中前一年和当年 NAO 与 IOD 引起的 Q_{ann} 及 Q_{max} 的差异较为显著，Q_{max} 灵敏度高于 Q_{ann} 的面积比例分别为 56%、59%、71% 和 36%。NAO 和 IOD 对珠江流域大部分区域 Q_{ann} 保持较高的灵敏度；ENSO、IOD 和当年 NAO 对珠江流域大部分区域 Q_{max} 保持较高的灵敏度。

参 考 文 献

[1] Milly P C, Dunne K A, Vecchia A V. Global pattern of trends in streamflow and water

availability in a changing climate. Nature, 2005, 438(7066): 347-350.

[2] Ward P J, Jongman B, Kummu M, et al. Strong influence of El Niño Southern Oscillation on flood risk around the world. Proceedings of the National Academy of Sciences of the United States of America, 2014, 111(44): 15659-15664.

[3] Shrestha A, Kostaschuk R. El Nino/Southern Oscillation(ENSO)-related variablity in mean-monthly streamflow in Nepal. Journal of Hydrology, 2005, 38(1-4): 33-49.

[4] Tabari H, Abghari H, Talaee P H. Impact of the North Atlantic Oscillation on streamflow in Western Iran. Hydrological Processes, 2014, 28(15): 4411-4418.

[5] Salgueiro A R, Machado M J, Barriendos M, et al. Flood magnitudes in the Tagus River(Iberian Peninsula) and its stochastic relationship with daily North Atlantic Oscillation since mid-19th Century. Journal of Hydrology, 2013, 502(21): 191-201.

[6] Ward P J, Eisner S, Flörke M, et al. Annual flood sensitivities to El Niño–Southern Oscillation at the global scale. Hydrology and Earth System Sciences, 2014, 18(1): 47-66.

[7] Lorenzo-Lacruz J, Vicente-Serrano S M, López-Moreno J I, et al. The response of Iberian rivers to the North Atlantic Oscillation. Hydrology and Earth System Sciences, 2011, 8(3): 4459-4493.

[8] Ouyang R, Liu W, Fu G, et al. Linkages between ENSO/PDO signals and precipitation, streamflow in China during the last 100 years. Hydrology and Earth System Sciences, 2014, 11(4): 3651-3661.

[9] Zhang Q, Xu C Y, Jiang T, et al. Possible influence of ENSO on annual maximum streamflow of the Yangtze River, China. Journal of Hydrology, 2007, 333(2-4): 265-274.

[10] Lü A, Jia S, Zhu W, et al. El Niño-Southern Oscillation and water resources in the headwaters region of the Yellow River: links and potential for forecasting. Hydrology and Earth System Sciences, 2010, 7(5): 1273-1281.

[11] Zhang Q, Xu C Y, Zhang Z, et al. Changes of atmospheric water vapor budget in the Pearl River basin and possible implications for hydrological cycle. Theoretical and Applied Climatdogy, 2010, 102(1-2): 185-195.

[12] Chen J X, Xia J, Zhao C S, et al. The mechanism and scenarios of how mean annual runoff varies with climate change in Asian monsoon areas. Journal of Hydrology, 2014, 517(1): 595-606.

[13] Chen W, Feng J, Wu R G. Roles of ENSO and PDO in the link of the East Asian winter monsoon to the following summer monsoon. Journal of Climate, 2013, 26(2): 622-635.

[14] Yuan Y, Yang H, Zhou W, et al. Influences of the Indian Ocean dipole on the Asian summer monsoon in the following year. International Journal of Climatology, 2008, 28(14): 1849-1859.

[15] Linderholm H W, Ou T H, Jeong J H, et al. Interannual teleconnections between the summer North Atlantic Oscillation and the East Asian summer monsoon. Journal of Geophysical Research, 2011, 116(D13): D13107.

[16] Niu J. Precipitation in the Pearl River basin, South China: scaling, regional patterns, and influence of large-scale climate anomalies. Stochastic Environmental Research and Risk Assessment, 2013, 27(5):1253-1268.

[17] Gu W, Li C Y, Li W J, et al. Interdecadal unstationary relationship between NAO and east China's summer precipitation patterns. Geophysical Research Letters, 2009, 36(13): 13702.

[18] Zhao Y F, Zou X Q, Gao L G, et al. Changes in precipitation extremes over the Pearl River Basin, southern China, during 1960-2012. Quaternary International, 2014, 333(4): 26-39.

[19] Chen Y Q D, Zhang Q, Chen X H, et al. Multiscale variability of streamflow changes in the Pearl River basin, China. Stochastic Environmental Research and Risk Assessment, 2012, 26(2): 235-246.

[20] Zhang Q, Gu X H, Singh V P, et al. Flood frequency analysis with consideration of hydrological alterations: changing properties, causes and implications. Journal of Hydrology, 2014, 519: 803-813.

[21] Zhang Q, Gu X H, Singh V P, et al. Stationarity of annual flood peaks during 1951-2010 in the Pearl River basin, China. Journal of Hydrology, 2014, 519: 3263-3274.

[22] Zhang Q, Gu X H, Singh V P, et al. Flood frequency under the influence of trends in the Pearl River basin, China: changing patterns, causes and implications. Hydrological Processes, 2015, 29(6): 1406-1417.

[23] Zhang Q, Singh V P, Li K, et al. Trend, periodicity and abrupt change in streamflow of the East River, the Pearl River basin, China. Hydrological Processes, 2014, 28(2): 305-314.

[24] Zhang Q, Singh V P, Sun P, et al. Precipitation and streamflow changes in China: changing patterns, causes and implications. Journal of Hydrology, 2011, 410(3-4): 204-216.

[25] Bai X, Wang J, Sellinger C, et al. Interannual variability of Great Lakes ice cover and its relationship to NAO and ENSO. Journal of Geophysical Research, 2012, 117C3:89-95.

[26] Australian Government Bureau of Meteorology: http://www.bom.gov.au/climate/IOD/positive/ and http://www.bom.gov.au/climate/IOD/negative/.

[27] Bouwer L M, Vermaat J E, Aerts J C J H. Regional sensitivities of mean and peak river discharge to climate variability in Europe. Journal of Geophysical Research, 2008, 113(D19):1429-1443.

[28] Ward P J, Beets W, Bouwer L M, et al. Sensitivity of river discharge to ENSO. Geophysical Research Letters, 2010, 37(12): L12402.

[29] Bouwer L M, Vermaat J E, Aerts J C J H. Winter atmospheric circulation and river discharge in northwest Europe. Geophysical Research Letters, 2006, 33(6): 4.

[30] Xiao M Z, Zhang Q, Singh V P. Influences of ENSO, NAO, IOD and PDO on seasonal precipitation regimes in the Yangtze River basin, China. International Journal of Climatology, 2015, 35(12): 3556-3567.

[31] Zhang Q, Sun P, Li J F, et al. Spatiotemporal properties of droughts and related impacts on agriculture in Xinjiang, China. International Journal of Climatology, 2015, 35(7): 1254-1266.

[32] Hannachi A, Jolliffe I T, Stephenson D B. Empirical orthogonal functions and related techniques in atmospheric science: a review. International Journal of Climatology, 2007, 27(9): 1119-1152.

[33] Hannachi A, Jolliffe I T, Stephenson D B. et al. In search of simple structures in climate: simplifying EOFs. International Journal of Climatology, 2006, 26(1): 7-28.

[34]Zhang Q, Li J F, Singh V P, et al. Influence of ENSO on precipitation in the East River basin, South China. Journal of Geophysical Research, 2013, 118(5): 2207-2219.

[35]Räsänen T A, Kummu M. Spatiotemporal influences of ENSO on precipitation and flood pulse in the Mekong River Basin. Journal of Hydrology, 2013, 476(1): 154-168.

[36]邵太华, 张耀存. 冬季北大西洋涛动对中国春季降水异常的影响. 高原气象, 2012, 31(5): 1225-1233.

第5章 洪水极值非平稳性对洪水频率分析的影响及其防洪风险评估

　　洪水频率分析是水利工程设计的基础，而传统洪水频率分析的潜在假设是所分析的洪水极值序列为平稳序列。关于水文序列平稳定性问题，在国际水文学界已有相应研究，但存在较大争议。Milly 等[1]认为流域径流序列形成环境背景的平稳性已不复存在。Schiermeier[2]及 Barnett 等[3]也认为全球变暖引起水循环加剧，洪水序列形成的环境背景发生了显著变化，水文平稳性假设因而受到极大的挑战。但是 Koutsoyiannis[4]研究发现，短时期具有明显趋势性的水文序列放在更长时间尺度内观察，其所具有的趋势性只是长期波动中的局部变化。Vogel 等[5]、Villarini 等[6]研究发现洪水极值序列分别作为平稳性和非平稳性序列进行频率计算，洪水频率分析结果截然不同。基于此，探讨洪水极值序列是否满足平稳性假设，对于正确得出洪水频率分析结果，提高水利工程设计的准确性和合理性至关重要。

　　若水文序列不存在显著的变异、趋势及周期则表现为平稳性，反之呈现非平稳性[7]。在气候变化和人类活动共同影响下，流域径流序列往往发生显著变异或呈现显著趋势性。忽略水文序列的变异性及时间趋势性，会导致洪水概率分布计算的偏差[8]，继而导致流域开发的防洪、抗旱等水利工程面临潜在风险[1]。因此研究变化环境下洪水极值变异及时间趋势性对洪水频率分析的影响，对有效提高区域应对极端水文事件的水平，尤其是对人口集中、经济发达及对环境变化敏感的区域具有重要意义[9]。

5.1　研究区域和数据

　　本章选取的 28 个水文控制站点位于珠江流域干流和主要支流（图 5-1）。具体的站点信息见表 5-1，重要的水库在图 5-1 中进行了标注。珠江流域主要堤围工程的相关情况见表 5-2。1951~2010 年最大洪峰流量数据来源于广东省水文局，经过系统整编，数据质量可靠。珠江流域已建大型水库 72 座，总库容 493.09 亿 m³。西江现有大型水库 36 座，总库容 290 亿 m³，对干流或主要一级支流洪水具有调节作用的水库电站主要有天生桥一级、龙滩、百色、登碧河、大王滩、青狮潭、龟石和爽岛等。北江流域大型水库的总库容已经超过 50 亿 m³，主要水利工程有南水水库、孟洲坝水库、白石窟水库、飞来峡水库等，但是没有形成对整个流域水文过程的控制性作用。东江流域有新丰江、枫树坝和白盆珠 3 座大型水库，总控制集水面积为 1.17 万 km²，占东江下游控制站博罗水文站控制面积的 46.6%。从土地利用方面来看，以梧州市为例，改革开放后城市化速度明显加快，城市用地急剧上升，1978~1995 年城市用地面积平均增速为 0.5km²/a，比 1950~1978 年增长速度快一倍多[10]。珠江流域内人类活动对水文过程已有较明显影响[11]。

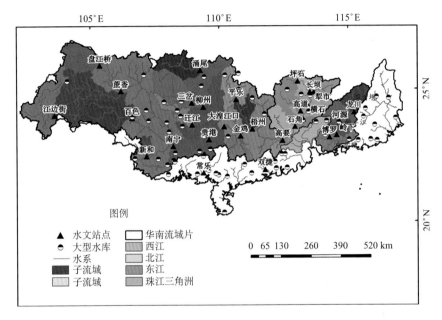

图 5-1　研究区域的地形特征和位置

表 5-1　珠江流域水文站点的详细信息

序号	所属水系	站点	集水面积/km²	资料系列/年	洪峰均值/(m³/s)	离差系数
1		迁江	128 938	1951~2010	12 103	3.72
2		大湟江口	288 544	1951~2010	28 083	3.83
3		梧州	327 006	1951~2010	31 540	3.83
4		高要	351 535	1951~2010	32 073	3.53
5	西江	江边街	25 116	1951~2010	1 120	2.35
6		盘江桥	14 492	1951~2010	2 331	2.58
7		蔗香	82 480	1951~2009	6 953	3.20
8		涌尾	13 045	1951~2010	4 164	1.90
9		三岔	16 280	1951~2010	5 603	2.66

序号	所属水系	站点	集水面积/km²	资料系列/年	洪峰均值/(m³/s)	离差系数
10		柳州	45 413	1951~2010	14 919	2.49
11		平乐	12 159	1951~2010	5 231	2.74
12		百色	21 720	1951~2010	2 336	1.94
13	西江	新和	5 791	1951~2010	1 341	2.29
14		南宁	72 656	1951~2010	8 136	3.51
15		贵港	86 333	1951~2010	8 551	3.29
16		金鸡	9 103	1951~2010	2 459	1.92
17		长坝	6 794	1951~2010	1 638	2.40
18		坪石	3 567	1964~2008	1 275	1.70
19	北江	犁市	7 097	1955~2009	2 226	1.80
20		横石	34 013	1956~1998	8 929	2.74
21		高道	9 007	1951~2010	3 463	2.44
22		石角	38 363	1951~2010	9 528	3.00
23		龙川	7 699	1954~2009	1 647	1.29
24	东江	河源	15 750	1951~2010	2 589	1.62
25		岭下	20 557	1956~2009	4 004	2.10
26		博罗	25 325	1951~2010	4 797	2.21
27	漠阳江	双捷	4 345	1951~2010	2 151	2.60
28	钦江	常乐	6 645	1951~2010	1 953	2.06

表 5-2　珠江流域主要堤围的详细信息

编号	堤围	拱卫城市	防洪标准	起建时间/年
1	河东堤、河西堤	柳州市	50 年一遇	1995
2	河西堤	梧州市	50 年一遇	1997
3	北江大堤（清远段）	清远市	100 年一遇	1983
4	沿江大堤	云浮市	50 年一遇	1994

5.2　研　究　方　法

5.2.1　变异点检测

　　变异点检测方法有多种，本书选择 Pettitt 检验方法用于（均值/方差）变异点分析[12]。Pettitt 检验法具有以下优点：①它是非参数检验方法，对异常值不敏感；

②可以通过近似极限分布计算检测统计 p 值。Pettitt 检验基于 Mann-Whitney 的统计参数 $U_{t,n}$，认为两个样本 $x_1,\cdots,x_t$ 和 $x_{t+1},\cdots,x_n$ 均来自同一整体：

$$U_{t,n} = U_{t-1,n} + \sum_{j=1}^{n} \mathrm{sgn}(x_t - x_j) \qquad (5\text{-}1)$$

式中，x_t 为水文序列中第 t 个点的值，$t = 2,3,\cdots,n$；x_j 为水文序列中第 j 个点的值。式（5-1）通常用于检测水文序列均值突变，用 Pettitt 法检测序列方差变异，需要对水文序列做如下处理[12]：① $x_1,x_2,\cdots,x_n$ 表示实测洪水极值序列；② L 代表参考函数——Loess 函数；③ Y 代表残差平方和序列：

$$Y_i = (x_i - L_i)^2 \qquad (5\text{-}2)$$

用式（5-1）对产生的序列 Y 进行突变检测，若存在突变，则为方差突变点。

5.2.2　时间趋势检测

采用线性趋势相关系数检验法[13]、Spearman 秩次相关系数检验法[14]和 Kendall 秩次相关检验法[15]综合检验年最大日流量系列的趋势显著性。所谓综合检验是指对趋势检验方法得到的结论进行综合，若某种方法判断趋势显著，则显著性为 1，反之为–1。将各种检验方法得到的显著性进行求和，即得到趋势的综合显著性。若综合显著性大于等于 1，则认为趋势显著；若小于 1，则认为趋势不显著[16]。综合检验可以避免单个检验法的片面性，能从多方面对水文序列进行检验，较全面反映了水文序列的趋势特性。

5.2.3　GAMLSS 模型

趋势和突变造成了时间序列的非平稳性，在用传统的 Pettitt、MK 和 Spearman 等方法检测时间序列的趋势和突变时，进一步用广义可加模型（generalized additive models for location，scale and shape，GAMLSS）[17]将时间序列均值和方差突变及时间趋势性纳入整体框架中，提供更多的证据证明突变和时间趋势是否存在。GAMLSS 的优势在于：①在调查时间序列的平稳性时，可以同时包括突变和时间趋势特征；②它是一个通用模型，同时兼顾平稳性和非平稳性洪水频率分析。

在 GAMLSS 中，假设同一时间序列 $y_1, y_2, \cdots, y_n$ 相互独立并且服从分布函数 $F_Y(y_i | \boldsymbol{\theta}_i)$，$\boldsymbol{\theta}_i = (\theta_1, \theta_2, \cdots, \theta_p)$ 表示 p 个参数（位置、尺度和形状参数）形成的向量。$g_k(\cdot)$ 表示 $\boldsymbol{\theta}_k$ 与解释变量 $\boldsymbol{X}_k$ 和随机效应项之间的单调函数关系：

$$g_k(\boldsymbol{\theta}_k) = \boldsymbol{\eta}_k = \boldsymbol{X}_k \boldsymbol{\beta}_k + \sum_{j=1}^{J_k} \boldsymbol{Z}_{jk} \boldsymbol{\gamma}_{jk} \qquad (5\text{-}3)$$

式中，$\boldsymbol{\eta}_k$ 和 $\boldsymbol{\theta}_k$ 为长度为 n 的向量；$\boldsymbol{\beta}_k^{\mathrm{T}} = \{\beta_{1k}, \beta_{2k}, \cdots, \beta_{J_kk}\}$ 为长度为 J_k 的参数向量；$\boldsymbol{X}_k$ 为长度为 $n \times J_k$ 的解释变量矩阵；$\boldsymbol{Z}_{jk}$ 为已知的 $n \times q_{jk}$ 固定设计矩阵；γ_{jk} 为正态分布随机变量。如果不考虑随机效应对分布参数的影响，即令 $J_k = 0$，公式（5-3）就变成一个全参数模型[本书称之为模型（3）]：

$$g_k(\boldsymbol{\theta}_k) = \boldsymbol{\eta}_k = \boldsymbol{X}_k\boldsymbol{\beta}_k \tag{5-4}$$

当解释变量为时间 t 时，解释变量矩阵 $\boldsymbol{X}_k$ 可以表示为

$$\boldsymbol{X}_k = \begin{bmatrix} 1 & t & \cdots & t^{I_k-1} \\ 1 & t & \cdots & t^{I_k-1} \\ 1 & t & \cdots & t^{I_k-1} \\ 1 & t & \cdots & t^{I_k-1} \end{bmatrix}_{n \times I_k} \tag{5-5}$$

将式（5-5）代入式（5-4）可以得到分布参数与解释变量时间 t 的函数关系：

$$\begin{cases} g_1(\boldsymbol{\theta}_1(t)) = \beta_{11} + \beta_{21}t + \cdots + \beta_{I_11}t^{I_1-1} \\ g_2(\boldsymbol{\theta}_2(t)) = \beta_{12} + \beta_{22}t + \cdots + \beta_{I_22}t^{I_2-1} \\ \qquad\qquad\qquad\vdots \end{cases} \tag{5-6}$$

因为主要探讨均值和方差（分别对应位置参数和尺度参数）的平稳性，所以选择四种常见的两参数极值分布（参数 $\boldsymbol{\theta}_1$ 对应均值，参数 $\boldsymbol{\theta}_2$ 对应方差）（表 5-3）进行分析，即 Gumbel（GU）、Gamma（GA）、Lognormal（LOGNO）和 Weibull（WEI）。以时间 t 作为唯一的解释变量，构造参数 $\boldsymbol{\theta}_1$ 和 $\boldsymbol{\theta}_2$ 与时间 t 的线性函数，由式（5-6）可以得出：

$$g_1(\boldsymbol{\theta}_1^i) = t_i\boldsymbol{\beta}_1 \tag{5-7}$$

$$g_2(\boldsymbol{\theta}_2^i) = t_i\boldsymbol{\beta}_2 \tag{5-8}$$

表 5-3　本书用来拟合年最大洪峰流量的两参数概率分布的详细信息

分布函数	概率密度函数	分布矩	连接函数 θ_1	θ_2
Gumbel	$f_Y(y\mid\theta_1,\theta_2) = \dfrac{1}{\theta_2}\exp\left\{-\left(\dfrac{y-\theta_1}{\theta_2}\right) - \exp\left[-\dfrac{(y-\theta_1)}{\theta_2}\right]\right\}$ $-\infty < y < \infty, -\infty < \theta_1 < \infty, \theta_2 > 0$	$E[Y] = \theta_1 + \gamma\theta_2 \cong \theta_1 + 0.57722\theta_2$ $\mathrm{Var}[Y] = \pi^2\theta_2^2/6 \cong 1.64493\theta_2^2$	一致	log
Weibull	$f_Y(y\mid\theta_1,\theta_2) = \dfrac{\theta_2 y^{\theta_2-1}}{\theta_1^{\theta_2}}\exp\left\{-\left(\dfrac{y}{\theta_1}\right)^{\theta_2}\right\}$ $y > 0, \theta_1 > 0, \theta_2 > 0$	$E[Y] = \theta_1\Gamma\left(\dfrac{1}{\theta_1}+1\right)$ $\mathrm{Var}[Y] = \theta_1^2\left\{\Gamma\left(\dfrac{2}{\theta_2}+1\right) - \left[\Gamma\left(\dfrac{1}{\theta_2}+1\right)\right]^2\right\}$	log	log

续表

分布函数	概率密度函数	分布矩	连接函数 θ_1	θ_2
Gamma	$f_Y(y|\theta_1,\theta_2) = \frac{1}{(\theta_2{}^2\theta_1)^{1/\theta_2{}^2}} \frac{y^{\frac{1}{\theta_2{}^2}-1} \exp\left[-y/(\theta_2{}^2\theta_1)\right]}{\Gamma(1/\theta_2{}^2)}$ $y>0, \theta_1>0, \theta_2>0$	$E[Y]=\theta_1$ $\mathrm{Var}[Y]=\theta_1{}^2\theta_2{}^2$	log	log
Lognormal	$f_Y(y|\theta_1,\theta_2) = \frac{1}{\sqrt{2\pi\theta_2{}^2}}\frac{1}{y}\exp\left\{-\frac{|\lg(y)-\theta_1|^2}{2\theta_2{}^2}\right\}$ $y>0, \theta_1>0, \theta_2>0$	$E[Y]=\omega^{1/2}\,\mathrm{e}^{\theta_1}$ $\mathrm{Var}[Y]=\omega(\omega-1)\mathrm{e}^{2\theta_1},$ where $\omega=\exp(\theta_2{}^2)$	一致	一致

时间序列分布矩（均值或方差等）与时间的函数关系研究较少。通过 GAMLSS，建立时间序列分布矩与时间的函数关系，将趋势和突变统一纳入非平稳性框架中进行分析。用 AIC 值选择最优拟合分布模型和函数，用残差诊断图（worm 图）分析模型拟合质量。通过这种方式，可以比较不同概率分布、趋势和突变点（均值/方差）的序列在非平稳性框架中的效果。

5.2.4　长期持续效应检测

长期持续效应对水文序列在统计学上的趋势检测结果有重要影响，水文序列实际上无显著性趋势时，统计学上趋势检测结果可能为显著[12]。而且水文序列表现出的某些特征（序列的局部波动等）用长期持续效应解释可能更为合理[12]。本书通过估计 Hurst 指数 H 值检测长期持续效应，相关系数 $\mathrm{Corr}(\cdot,\cdot)$ 渐渐趋向于指数函数：

$$\mathrm{Corr}(X_t, X_{t+k}) \sim Ck^{2H-2} \tag{5-9}$$

式中，X_t 为实测序列；k 为延迟间隔；C 为常数；H 为 Hurst 指数，位于（0,1），H 等于 0.5 时，长期持续效应不存在，H 大于 0.5 时，长期持续效应存在，并且 H 越大，长期持续效应越显著。

估计 H 值的方法有多种，如聚类方差法、差分方差法、R/S 法、残差回归法等 10 余种。已有研究通过比较 10 种 H 值估计方法，认为聚类方差法效果较好，同时指出结合差分方差法，能够减轻序列中突变点和趋势对 H 值估计的影响（差分方差法对于缺乏长期持续效应的序列 H 值估计效果较差）[18]。因此采用聚类方差法估计所有洪水极值序列 H 值，将用差分方差法估计的有突变点和显著趋势性的序列 H 值作为补充。

5.2.5　累计距平曲线法

采用累积距平曲线法来检测洪峰流量变化阶段特征。该法经常用来得到更多洪水时间序列时间变化的细节信息[19,20]。累计距平法计算公式如下：

$$R_i = Q_i / \bar{Q} \tag{5-10}$$

$$K_m = \sum_{i=1}^{N}(R_i - 1)(m = 1, 2, 3, \cdots, N) \tag{5-11}$$

式中，i 为 N 年时间序列的序列值；R_i 为第 i 年最大洪峰流量均值化后无量纲值；K_m 为 $1 \sim m$ 年的累积距平值。

若 K_m 显示下降趋势时期（负斜率）则表示处于比平均洪峰流量偏低的枯水时期。相反，K_m 显示上升趋势时期（正斜率）则表示处于比平均洪峰流量偏高的丰水时期。

5.2.6 洪水极值频率分布拟合线型

按照以下步骤进行水文极值序列的概率分析：①选择六种极值分布进行概率分析即耿贝尔分布（极值一型，Gumbel）、GEV 分布、广义逻辑斯谛分布（general logistic distribution，GLO）、广义对数正态分布-三参数（general log normal distribution，GNO）、广义帕累托分布（general Pareto distribution，GPA）、Pearson-Ⅲ型分布（Pearson type Ⅲ distribution，P-Ⅲ），这六种极值分布被广泛使用[21]。②对珠江流域 28 个水文站点每个站点年最大流量序列、变异前序列和变异后序列分别用这六种极值分布进行拟合，这六种极值分布参数用线性矩法进行估计[22]。③用 Kolmogorov-Smirnov's statistic D（K-S 统计 D）[23]进行极值分布拟合优度检验，选择 95% 置信度来判断是否接受某一极值分布的拟合。④K-S 统计 D 值最小的分布作为最佳拟合分布，在表 5-12 中用加粗-下划线表示，最佳拟合分布用作描述水文极值的统计特性。⑤分析每个站点年最大流量、变异前序列和变异后序列 10 年、30 年、50 年、70 年、90 年、100 年一遇的设计洪水变化特性及珠江流域洪水变异前后洪水发生次数和站次。

5.2.7 指数趋势拟合模型

指数趋势拟合模型相比其他趋势模型有两方面优势：①模型形式简单，便于理解和简化非平稳性洪水频率分析模型的计算；②可以提供年最大日流量序列与时间之间一个极好的近似关系[24]。指数趋势模型公式如下[24]：

$$x_t = \exp(\alpha + \beta t + \varepsilon_t) \tag{5-12}$$

式中，t 为年最大日流量序列的时间；α 和 β 为模型参数；ε_t 为模型残差，一般模型残差近似服从正态分布。两边取对数得

$$y_t = \ln(x_t) = \alpha + \beta t + \varepsilon_t \tag{5-13}$$

用普通最小二乘法估计模型参数 α 和 β。α 表示模型参数，为常量；β 值表

示年最大日流量对数值序列线性拟合斜率，当 $\beta > 0$ 时，年最大日流量对数值序列呈上升趋势，当 $\beta < 0$ 时，年最大日流量对数值序列呈下降趋势。

5.2.8 考虑时间趋势的洪水频率分析模型

Vogel 等提出了一个基于两参数正态分布的非平稳性洪水频率分析模型[24]。此方法结合两参数对数正态分布函数的独特性质，构造了一个简便实用的非平稳性洪水频率分析模型，模型构建和推导过程见文献[24]。本书给出模型的基本表达式、洪水放大因子和重现期表达式。

模型基本表达式[24]：

$$x_p(t) = \exp\left[\bar{y} + \widehat{\beta}\left(t - \frac{t_1 + t_n}{2}\right) + z_p s_y\right] \tag{5-14}$$

式中，$\bar{y}$ 为年最大日流量序列对数值的均值；$\widehat{\beta}$ 为模型参数 β 的估计值；t 为年最大日流量序列的时间；t_1 和 t_n 分别为年最大日流量序列的起始和终止时间；z_p 为标准正态分布逆函数值；s_y 为年最大日流量序列对数值的标准差；$x_p(t)$ 为第 t 年设计标准为 p 的设计流量值。

洪水放大因子：现在设计洪水必须乘以洪水放大系数获得未来跟现在洪水同量级的设计洪水值[24]。洪水放大因子大于 1，表明未来设计洪水值要高于现在设计洪水值，意味着现有的防洪工程设计标准可能无法满足未来防洪需求；洪水放大因子小于 1，则相反。洪水放大因子的表达式为

$$M = \frac{x_p(t + \Delta t)}{x_p(t)} = \exp(\widehat{\beta}\Delta t) \tag{5-15}$$

式中，M 为洪水放大因子；Δt 为时间间隔；其他变量意义同上。

重现期：现在发生的洪水在间隔 t 年后再发生，t 为重现期大小[24]。重现期的表达式为

$$T_f = \frac{1}{1 - \Phi\left(z_{p0} - \dfrac{\widehat{\beta}\Delta t}{s_y}\right)} \tag{5-16}$$

式中，T_f 为洪水重现期；$\Phi(\cdot)$ 为标准正态分布累积概率分布函数；其他变量意义同上。

5.2.9 非平稳性条件下重现期计算和防洪风险评估

在非平稳性条件下，传统的重现期定义可能已经不再适用，并且经典频率分析法计算的设计洪水值随时间而变化。因此 Salas 和 Obeysekera 以经典重现期定义和风险评估为基础，导出非平稳性条件下的洪水重现期[25]。平稳性条件下，M_y

表示第 y 年实测年最大流量,假设 $\{M_y\}$ 累积概率分布函数为 F 。m 年重现期下,可以得到如下公式[26]:

$$F(r_m) = P(M_y \leqslant r_m) = 1 - 1/m \qquad (5\text{-}17)$$

式中,r_m 为与重现期水平有关的设计值。

T 为超过事件第一次出现的年份[26]:

$$P(T = t) = P(M_1 \leqslant r_m, M_2 \leqslant r_m, \cdots, M_{t-1} \leqslant r_m, M_t > r_m)$$
$$= (1 - 1/m)^{t-1}(1/m) \qquad (5\text{-}18)$$

基于洪水事件相互独立和每年超过概率相等的假设,由式(5-18)第一行导出第二行。T 为几何随机变量,其期望值(也就是重现期)为 m 。由此概念导出的水利工程运行年限 n 内的失败概率为[26]

$$R = 1 - \prod_{t=1}^{n}(1 - 1/m) \qquad (5\text{-}19)$$

式中,R 为水利工程失败风险。

非平稳性条件下,洪水时间依然满足相互独立的假设,但是每年的超过概率发生了变化,因此由式(5-18)第一行可以导出[26]:

$$P(T = t) = P(M_1 \leqslant r_m, M_2 \leqslant r_m, \cdots, M_{t-1} \leqslant r_m, M_t > r_m)$$
$$= \prod_{y=1}^{t-1} F_y(r_m)[1 - F_t(r_m)] \qquad (5\text{-}20)$$

式中,T 为等待时间,从 $y = 0$ 直到一个超过 r_m 的事件出现。由式(5-20)可以导出[26]:

$$E(T) = \sum_{t=1}^{\infty} t \prod_{y=1}^{t-1} F_y(r_m)[1 - F_y(r_m)] = 1 + \sum_{i=1}^{\infty} \prod_{y=1}^{i} F_y(r_m) \qquad (5\text{-}21)$$

对于任何正整数 S ,r_m 为 m 年重现期超过事件,则重现期 m 年的变化范围为[26]

$$\begin{cases} m > 1 + \displaystyle\sum_{i=1}^{S} \prod_{y=1}^{i} F_y(r_m) \\ m \leqslant 1 + \displaystyle\sum_{i=1}^{S} \prod_{y=1}^{i} F_y(r_m) + \prod_{y=1}^{S} F_y(r_m) \frac{F_{S+1}(r_m)}{1 - F_{S+1}(r_m)} \end{cases} \qquad (5\text{-}22)$$

式(5-22)中,重现期 m 年的上限实际上只适合洪水极值序列呈上升趋势的站点 $[F_{S+1}(r_m) > F_y(r_m)$,如果 $y > S+1]$,对于洪水极值序列呈下降趋势的站点,理论上洪水极值序列可以减小到 0 值(即无流量),重现期 m 年可以无穷大。基于式(5-22)的非平稳性条件,水利工程设计年限 n 内的失败风险为[26]

$$R = 1 - \prod_{t=1}^{n} F_y(r_m) \tag{5-23}$$

5.3　非平稳性和尺度特征分析

5.3.1　变异点分析

首先对珠江流域 28 个站点年最大洪峰流量序列用 Loess 函数拟合（图 5-2）。限于篇幅，图 5-2 给出了石角、大湟江口、河源和常乐四个站点的拟合效果图。从图 5-2 中可以看出，石角站年最大洪峰序列没有明显变化，稳定在 10 000m³/s 上下。大湟江口站经历两次上升趋势波动，分别在 1951~1980 年和 1981~2010 年，变化范围在 20 000~30 000 m³/s。河源站年最大洪峰流量一直呈现下降趋势，20 世纪 70 年代之前下降趋势较大，70 年代之后下降趋势趋于平缓，稳定在 2500 m³/s 上下。常乐站 70 年代中期之前呈上升趋势，70 年代中期之后呈下降趋势，趋势较为平缓。可见 Loess 函数可以较为直观和准确地反映年最大洪峰极值序列的变化情况，有效地支持了 Loess 函数作为参考函数进行方差突变分析。

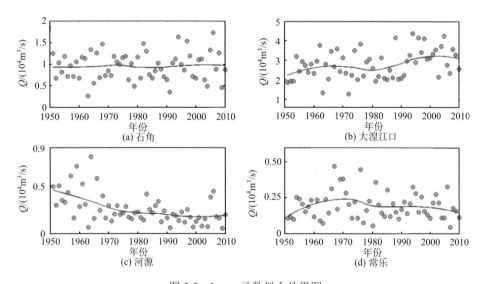

图 5-2　Loess 函数拟合效果图

基于 Loess 参考函数，用 Pettitt 检验法对珠江流域 28 个站点年最大洪峰极值序列进行均值和方差突变分析（图 5-3）。由图 5-3 可知，28 个站点中有 10 个站点年最大洪峰流量（下文均指此序列，不再重复提及）均值发生了变异，变异时间集中在 1990 年左右和 1968~1987 年；8 个站点发生方差变异，变异时间集中在 1971~1990 年；4 个站点发生均值和方差变异，其中 3 个位于东江流域。实际上，共有 14 个站点发生均值或方差变异。东江流域龙川、河源、岭下和博罗 4 个站点全部发生均值与方差变异，变异时间与东江流域三大控制性水库建成时间基本吻合（图 5-1，枫树坝水库，1974 年建成，新丰江水库，1962 年建成，白盆珠水库，1985 年建成）。

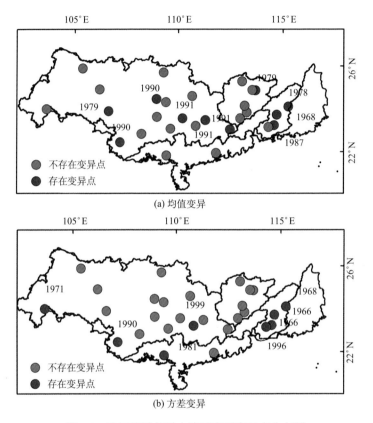

图 5-3　珠江流域年最大流量序列变异点分布图

西江干流 4 个站点（三岔、大湟江口、梧州和高要）变异时间集中在 1990 年左右。西江干流洪水极值受到支流洪水汇流的强烈影响，变异影响因素复杂。西江流域在 1991 年左右气候发生明显异变：流域平均温度呈显著的上升趋势，上升速率为 0.1℃/10 年，并在 1987 年发生了明显的变暖突变[27]；20 世纪 90 年代中期到 21 世纪初期暴雨日数增加[28]，总降水量呈微弱的增加趋势，增加率为 5.5mm/10 年[29]。同时由于植被覆盖率持续减小（NDVI 下降速率为−0.00045/年）[30]，经济发展带来的城市化速率加快，不透水面积增加，产汇流速度加快，支流洪水汇流到干流时间缩短；上游浔江段沿岸防洪堤 1994 年加固之后对中下游干流洪水也产生了一定程度的归槽影响[31]。总体来说，西江流域干流 1991 年左右没有进行大

型水利工程设施建设，其洪水极值序列主要受到气候变化的影响，尤其是 1987
年左右的变暖突变，改变了西江流域的水循环。

5.3.2　变异前后趋势变化

变异点是非平稳性的一个组成部分，显著趋势性是非平稳性的另一个组成部
分。本书用 MK 和 Spearman 法检测年最大洪峰极值序列的时间趋势性。在进行
变异点检测之后，如果存在变异点，则以变异点为基准点（均值和方差同时存在
变异点时，以均值变异点为基准点），将序列分为两个子序列即变异前序列和变异
后序列。分别对两个子序列进行趋势检测，如果不存在变异点，则将序列作为整
体进行趋势检测。在进行趋势检测时，必须先进行洪水极值序列的自相关性检测
（ACF）（图 5-4）。限于篇幅，图 5-4 给出了四个站点的自相关性检测结果。结果
表明：珠江流域洪水极值序列没有显著的自相关性。

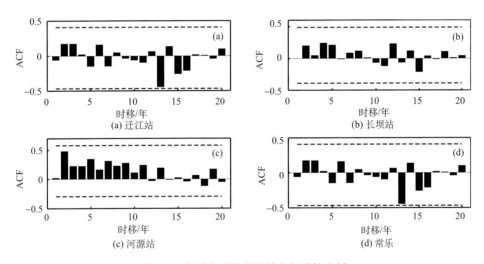

图 5-4　年最大流量序列的自相关性分析

14 个没有发生突变点的站点中，只有涌尾站存在显著时间趋势（表 5-4）。存
在均值/方差突变点的 14 个站点中，变异前序列只有江边街站存在显著时间趋势，
变异后序列也只有河源站存在显著时间趋势，尚未发现变异前和变异后序列同时
具有显著趋势性的站点（表 5-5）。考虑变异点情况下，整个珠江流域年最大洪峰
流量变异前和变异后序列大部分均不存在显著趋势性（表 5-5）。在不考虑变异点
情况下，14 个站点中有 9 个站点年最大洪峰流量存在显著趋势性；而在考虑变异
点情况下，则无显著性趋势性（表 5-5）。江边街站的分析结果恰恰相反，江边街
站年最大洪峰流量在考虑变异点时，变异前序列检测到显著趋势性；而不考虑变
异点时，却没有检测到显著趋势性。

表 5-4　没有突变点的站点趋势检验结果

序号	站点	MK	S	方向
1	迁江	0.54	0.48	+
6	盘江桥	−0.45	−0.46	−
7	蔗香	1.68	1.61	+
8	涌尾	**2.11**	**1.94**	+
10	柳州	1.48	1.66	+
11	平乐	0.77	0.91	+
14	南宁	−1.47	−1.57	−
15	贵港	−0.06	−0.10	−
18	坪石	0.98	1.06	+
19	犁市	0.78	0.89	+
20	横石	0.72	0.67	+
21	高道	0.01	−0.01	
22	石角	0.06	0.05	+
27	双捷	−0.55	−0.48	−

注：MK 表示 Mann-Kendall 检验，S 表示 Spearman 检验。"+"表示趋势升高，"−"表示趋势降低。加粗和加下划线表示检测通过 95%显著性检验

表 5-5　存在突变点序列变异点前、后子序列趋势检验结果

序号	站点	突变点	变异前			变异后		
			MK	S	方向	MK	S	方向
2	大湟江口	1991	−0.38	−0.22	−	−0.19	−0.24	−
3	梧州	1991	−1.35	−1.32	−	0.06	0.02	+
4	高要	1991	−1.35	−1.31	−	−0.32	−0.27	−
5	江边街	1971	**2.84**	**3.10**	+	−0.82	−0.84	−
9	三岔	1990	0.47	0.49	+	0.48	0.45	+
12	百色	1979	1.16	1.37	+	−1.43	−1.41	−
13	新和	1990	−0.54	−0.41	−	1.33	1.36	+
16	金鸡	1999	−0.60	−0.51	−	0.26	0.92	+
17	长坝	1979	0.56	0.41	+	0.26	0.29	+
23	龙川	1978	−1.07	−1.22	−	−0.26	−0.14	−
24	河源	1968	−0.42	−0.46	−	**−2.08**	**−2.01**	−
25	岭下	1987	−0.19	−0.46	−	−0.92	−0.54	−
26	博罗	1966	0.72	0.78	+	−1.08	−0.85	−
28	常乐	1981	0.56	0.56	+	−0.98	−0.94	−

注：加粗和加下划线的数字表示趋势达到了 95%显著性水平

　　考虑变异点的情况下，整个珠江流域基本上不存在显著的时间趋势性。通过忽视变异点对存在变异点的序列进行时间趋势检测，调查变异点对时间趋势检测结果的影响（表 5-6、图 5-5）。忽视变异点的条件下，14 个站点中 9 个站点存在显著的时间趋势性。即使考虑变异点在统计学上没有检测到显著时间趋势性的情况下，忽视变异点反而会检测到显著的时间趋势性。值得注意的是，江边街站考虑变异点时，变异前序列检测到显著的时间趋势性（表 5-5），而忽视变异点时，却没有检测到显著的时间趋势性（表 5-6）。

表 5-6　忽视序列中变异点趋势检验结果

序号	站点	MK	S	方向
2	大湟江口	**2.54**	2.77	+
3	梧州	**2.13**	**2.09**	+
4	高要	1.62	1.80	+
5	江边街	0.06	−0.06	−
9	三岔	**2.59**	**2.65**	+
12	百色	**−2.25**	**−2.25**	−
13	新和	**1.99**	**1.97**	+
16	金鸡	−0.98	−0.98	−
17	长坝	**2.44**	**2.48**	+
23	龙川	**−3.21**	**−3.16**	−
24	河源	**−4.23**	**−4.56**	−
25	岭下	**−2.53**	**−2.30**	−
26	博罗	−1.22	−0.93	−
28	常乐	−0.47	−0.31	−

注：加粗和加下划线的数字表示趋势达到了 95%显著性水平

　　图 5-5 分析了受变异点影响的 4 个站点年最大洪峰流量。图 5-5（a）显示大湟江口站变异前、后序列均无显著趋势性，但是整体序列存在显著趋势性，这种显著趋势性明显受到跳跃突变影响[类似结果可见于图 5-5（b）、图 5-5（d）]。尤其在大湟江口站，变异前、后序列具有微弱下降变化，受变异点影响，整体序列则呈显著上升趋势[图 5-5（a）]。图 5-5（c）显示江边街站变异前年最大洪峰流量呈显著上升趋势，受变异点影响，整体序列呈微弱下降趋势，显示变异点对趋势检测结果的显著；如果在趋势分析中不考虑变异点的影响，趋势分析结果将会误导对序列统计特征的判断。因此，先进行变异点识别，再做序列趋势性分析，显得极为重要。

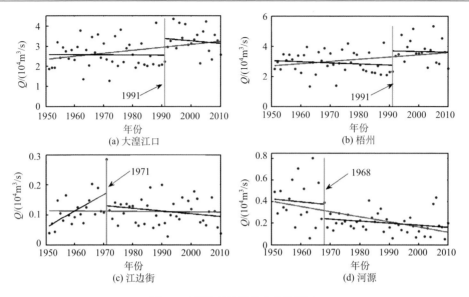

图 5-5　变异点对趋势分析的影响

图中散点是实测年最大流量值。（a）、（b）和（d）通过95%显著性检验，（c）没有通过95%显著性检验，变异点前序列通过了95%显著性检验。绿色线表示变异分段线，对应的数字表示变异时间点

5.3.3　GAMLSS 结果分析

由上述分析可知，突变点和时间趋势可能导致年最大洪峰极值序列具有非平稳性。下面将用 GAMLSS 检测非平稳性洪峰极值序列。主要用两参数模型分析没有检测到突变点站点的年最大洪峰流量序列，分为以下四种模型（表 5-7）：①平稳性模型，θ_1、θ_2 均为常数；②θ_1 非平稳，θ_1 是时间 t 的线性函数；③θ_2 非平稳，θ_2 是时间 t 的线性函数；④θ_1、θ_2 均非平稳，θ_1、θ_2 均为时间 t 的线性函数。

表 5-7　对于没有突变点的 GAMLSS 分析结果

站点序号	站点	CDF	平稳模型	θ_1 为非平稳	θ_2 为非平稳	θ_1、θ_2 为非平稳
1	迁江	WEI	Y	—	—	—
6	盘江桥	GA	Y	—	—	—
7	蔗香	WEI	—	Y	—	—
8	涌尾	GA	—	Y	—	—
10	柳州	GA	—	Y	—	—
11	平乐	GA	Y	—	—	—
14	南宁	GA	—	—	Y	—

续表

站点序号	站点	CDF	平稳模型	θ_1 为非平稳	θ_2 为非平稳	θ_1、θ_2 为非平稳
15	贵港	GA	—	—	Y	—
18	坪石	LOGNO	—	Y	—	—
19	犁市	LOGNO	—	Y	—	—
20	横石	GA	Y	—	—	—
21	高道	WEI	—	—	Y	—
22	石角	WEI	—	—	Y	—
27	双捷	GA	Y	—	—	—

注：表中 Y 表示选择的表中四种模型的一种，—表示没有选择的模型。AIC 值作为优选模型和最优分布选择的依据

由表 5-7 可以看出，对于没有突变点的站点，Gamma 分布为最佳选择，适合 8 个站点年最大洪峰流量的拟合模拟，而 Weibull 分布次之，有 4 个站点适合，Gumbel 分布则无适合站点。从序列平稳性来看，有 5 个站点最优模型为平稳性模型，5 个站点选择 θ_1 为非平稳性模型，4 个站点选择 θ_2 为非平稳性模型，没有站点选择 θ_1、θ_2 均为非平稳性模型。事实上，非平稳模型与平稳模型的 AIC 值无明显差别（表 5-8）。表 5-8 中加粗的数值表示四种模型中的最优概率分布。从表 5-8 可以看出，最优模型为非平稳性模型，即 θ_1 或 θ_2 为非平稳性，其 AIC 值与相应平稳性模型比，无明显区别。如柳州站，θ_1 为非稳定模型，AIC 值比平稳性模型小 1.34；犁市站 θ_1 为非稳定模型，AIC 值仅比平稳性模型小 0.21。所有 9 个非平稳性站点，非平稳性模型的 AIC 值比平稳性模型 AIC 值差范围为 0.21~3.11，其中 7 个站点差值位于 0.21~1.83。由 AIC 值可以看出，对于无突变点站点，平稳性模型和非平稳性模型区别并不明显，在模型选择上也无明显不同。故而，GAMLSS 模拟结果并没有显示出突变点和趋势分析结果的不一致，说明上述无突变点站点没有明显线性趋势。

表 5-8　与表 5-7 相对应的各站点最优概率分布的 AIC 值

站点序号	站点	AIC			
		平稳模型	θ_1 为非平稳	θ_2 为非平稳	θ_1、θ_2 为非平稳
1	迁江	**1143.55**	1145.53	1145.11	1147.10
6	盘江桥	**983.85**	985.76	983.81	985.79
7	蔗香	1076.38	**1074.34**	1078.32	1076.34
8	涌尾	1074.58	**1072.75**	1076.46	1073.60
10	柳州	1210.46	**1209.12**	1212.45	1211.12

续表

站点序号	站点	AIC			
		平稳模型	θ_1 为非平稳	θ_2 为非平稳	θ_1、θ_2 为非平稳
11	平乐	**1076.62**	1076.92	1078.56	1078.71
14	南宁	1099.90	1099.45	**1098.34**	1098.51
15	贵港	1114.98	1116.95	**1114.20**	1116.04
18	坪石	696.79	**695.99**	698.08	697.39
19	犁市	913.48	**913.27**	914.35	914.53
20	横石	**818.81**	820.13	820.81	822.13
21	高道	1039.91	1040.39	**1036.80**	1037.57
22	石角	1140.33	1141.08	**1139.88**	1141.48
27	双捷	**974.01**	976.00	975.06	977.04

注：加粗数字表示 AIC 值最小

对于检测出均值/方差突变点的站点，用 GAMLSS 统一分析序列的突变点和时间趋势，用 AIC 值法选择最优模型的结果见表 5-9。由表 5-9 可以看出，GAMLSS 确定 Pettitt 检验出的具有变异点的站点具有均值/方差变异。但 GAMLSS 并未确定江边街站、金鸡站和常乐站具有方差变异。从最佳分布看，Gamma 和 Lognormal 分布是选择最多的分布（13 个站点）。从 AIC 值看（表 5-10），突变点模型与平

表 5-9　对于存在变异点的 GAMLSS 分析结果

站点序号	站点	CDF	均值变异	变异前趋势	变异后趋势	方差变异
2	大湟江口	GA	Y			
3	梧州	GA	Y			
4	高要	GA	Y			
5	江边街	WEI		Y		N
9	三岔	GA	Y			
12	百色	GA	Y			
13	新和	LOGNO	N			Y
16	金鸡	GA				N
17	长坝	GA	Y			
23	龙川	LOGNO	Y			Y
24	河源	GA	Y		Y	Y
25	岭下	GA	Y			Y
26	博罗	GA				Y
28	常乐	LOGNO				N

注：加粗站点序号表示存在方差变异的站点，加粗和下划线序号表示均值和方差同时存在变异点，用 Y 和 N 表示 GAMLSS 分析是否存在变异点或趋势

表 5-10　与表 5-9 对应的各站点最优概率分布的 AIC 值

站点序号	站点	AIC		站点序号	站点	AIC	
		平稳	均值变异			平稳	方差变异
2	大湟江口	1240.30	1230.32	5	江边街	906.46	908.43
3	梧州	1254.92	1244.45	13	新和	917.66	914.90
4	高要	1264.57	1255.48	16	金鸡	1019.01	1021.35
9	三岔	1089.52	1084.84	23	龙川	919.78	910.58
12	百色	1017.44	1018.00	24	河源	1035.62	1024.72
13	新和	917.66	917.43	25	岭下	963.69	951.63
17	长坝	949.34	946.26	26	博罗	1087.31	1074.79
23	龙川	919.78	910.79	28	常乐	984.57	980.93
24	河源	1035.63	1015.21				
25	岭下	963.69	959.56				

稳性模型 AIC 值差异较大，均值变异中，AIC 值平均差值为 7.16，方差变异中，AIC 值平均差值为 9.49。AIC 值支持 GAMLSS 分析结果。

　　图 5-6 以均值变异、方差变异、均值与方差均发生变异和变异后具有显著趋势性的四个站点为例说明 GAMLSS 的拟效果。图 5-6（a）中，大湟江口站年最大洪峰极值序列存在均值变异，对年最大洪峰极值序列有显著影响。同时，方差变异对年最大洪峰极值序列也有显著影响：尽管 50%分位数曲线没有受到影响，且对 25%和 75%分位数曲线影响较小，但是 5%和 95%分位数曲线受到显著影响［图 5-6（b）］。图 5-6（c）中，岭下站同时受到均值和方差变异影响，GAMLSS 同样分析出年最大洪峰极值序列各阶段不同的变化特征。图 5-6（d）显示河源站在变异之后序列具有显著趋势性：5%、25%和 50%分位数曲线具有向下的趋势性，75%和 95%具有向上的趋势性。图 5-7 则给出对应四个站点 GAMLSS 模拟残差检测图。从图 5-7 可以看出，GAMLSS 对这四个站点拟合较好。

5.3.4　长期持续效应分析

　　用聚类方差法结合差分方差法估计 Hurst 系数 H 值（表 5-11，AVM 表示聚类方差法，DTV 表示差分方差法）。大部分站点（18 个站点）Hurst 系数 H 值小于 0.5 或在 0.5 附近（以 AVM 结果为准），显示这些站点没有或较少受长期持续效应影响。另一方面，6 个站点 Hurst 系数 H 值明显大于 0.5，表明这些站点年最大洪峰极值序列变化特征可用长期持续效应解释。因为样本容量较小，Hurst 系数 H 值估计具有较大的不确定性，所以在统计意义上检测 Hurst 系数值不等于 0.5 的显著性。为此，做两个假设：原假设 H_0 即 Hurst 系数值小于或等于 0.5；替代假设 H_1

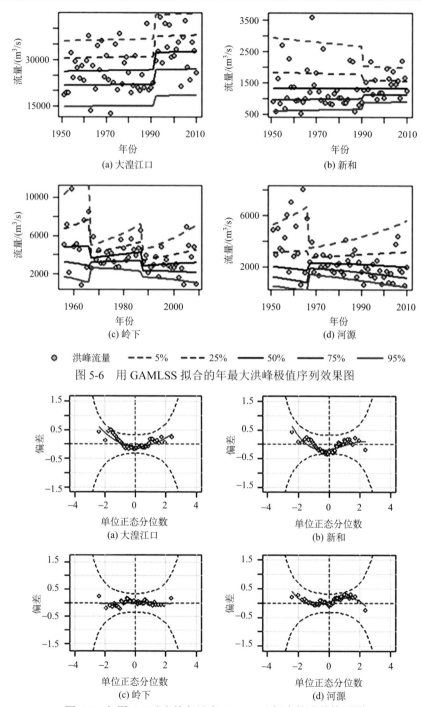

图 5-6　用 GAMLSS 拟合的年最大洪峰极值序列效果图

图 5-7　与图 5-6 对应的各站点 GAMLSS 拟合的残差检测图

一个好的拟合效果应该是：样本点沿着红色曲线并且位于两条黑色曲线（95%置信曲线）中间

即 Hurst 系数值大于 0.5。通过 Bootstrap 抽样法对年最大洪峰极值序列按照放回抽样的方法抽取一个样本长度与原序列同样长度的样本，构造出 Hurst 系数 H 值（对应 H_0）的概率分布函数：对每个站点年最大洪峰极值序列进行重复抽样 3000 次，计算每个再抽样序列的 H 值，然后计算每个站点年最大洪峰极值序列 Hurst 系数 H 值与 H_0 对应的 p 值（表 5-11、图 5-8）。

表 5-11　分别用聚类方差和差分方差法计算 Hurst 系数 H 值及原假设 H_0 的 p 值

站点	Hurst 系数 H 值		p 值	站点	Hurst 系数 H 值		p 值
	AVM	DTV			AVM	DTV	
迁江	0.38	0.63	0.621	贵港	0.01	0.28	0.789
大湟江口	0.69	0.75	0.179	金鸡	0.58	0.61	0.391
梧州	0.63	0.61	0.245	长坝	0.83	0.75	0.064
高要	0.51	0.61	0.421	坪石	0.45	0.43	0.500
江边街	0.31	0.29	0.734	犁市	0.51	0.47	0.467
盘江桥	0.62	0.73	0.323	横石	0.07	0.34	0.700
蔗香	0.79	0.74	0.172	高道	0.50	0.47	0.531
涌尾	0.66	0.51	0.298	石角	0.12	0.27	0.735
三岔	0.67	0.64	0.202	龙川	0.93	0.67	0.005
柳州	0.53	0.57	0.449	河源	0.95	0.65	0.002
平乐	0.28	0.35	0.647	岭下	0.74	0.66	0.189
百色	0.53	0.51	0.455	博罗	0.59	0.47	0.419
新和	0.23	0.26	0.697	双捷	0.23	0.27	0.745
南宁	0.50	0.57	0.521	常乐	0.38	0.49	0.660

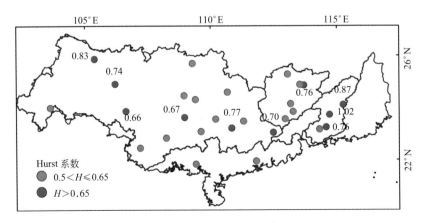

图 5-8　珠江流域各站点 Hurst 系数分布图

对于大多数站点，即使是 Hurst 系数 H 值明显大于 0.5 的站点（如大湟江口、蔗香等），p 值并不足以拒绝 H_0。但对于龙川、河源两站，p 值足够小，能够拒绝 H_0。所以，对于大部分站点（龙川、河源除外），并不能仅仅通过聚类方差法计算的 Hurst 系数 H 值就断定长期持续效应是否存在。比较图 5-2 和表 5-9 可以发现，存在变异点的站点，其 Hurst 系数值也较大（如西江干流、东江流域），反之亦然。因为长期持续效应也是多重时间尺度随机波动的重要特征，在长期平稳性波动过程中，会产生局部突变或显著趋势性，所以，当土地利用、水库等引起的年最大洪峰极值序列表现出突变或显著趋势性时，同样也分析得出高 Hurst 系数 H 值，如东江流域龙川、河源和岭下等站点。对于存在变异点或显著趋势性的站点，进一步用对序列中变异点和趋势敏感度较低的差分方差法估计 Hurst 系数 H 值，结果表明涌尾、长坝、龙川、河源、岭下和博罗站，差分方差法估计的 H 值分别为 0.51、0.75、0.67、0.65、0.66 和 0.47。最明显的是涌尾站，检测到显著上升趋势，聚类方差法估计 H 值为 0.66，差分方差法估计值却为 0.51。

5.4 水文变异对洪水频率分析的影响

5.4.1 CSDMC 分析结果

分析年最大流量变化过程（CSDMC 分析法），结合年最大流量丰枯转变时间节点确定各个站点洪峰序列的转折点。珠江流域 28 个站点年最大流量变化过程见图 5-9。例如，梧州站和涌尾站在 1991 年年最大流量均由枯转丰，因此将时间节点 1991 年作为这两个站点的最佳水文变异时间节点。通过以上方法确定了珠江流域 28 个站点年最大流量过程的最佳水文变异时间节点及变异分段。气候变化或人类活动或二者共同作用导致珠江流域发生水文变异。本书中导致珠江流域 28 个水文站点年最大流量序列发生水文变异的气候变化或人类活动的具体因素将在讨论中具体分析。

5.4.2 变异前后概率极值分布函数变化

最佳极值分布函数的选择取决于 K-S 统计 D 值。首先用 6 种极值分布函数分别拟合珠江流域 28 个站点年最大流量序列、变异前流量序列和变异后流量序列，获得每个站点每个样本的 K-S 统计 D 值，选取最小的 K-S 统计 D 值对应的分布作为每个站点的最佳极值拟合分布。表 5-12 展示了珠江流域 28 个站点将全部年

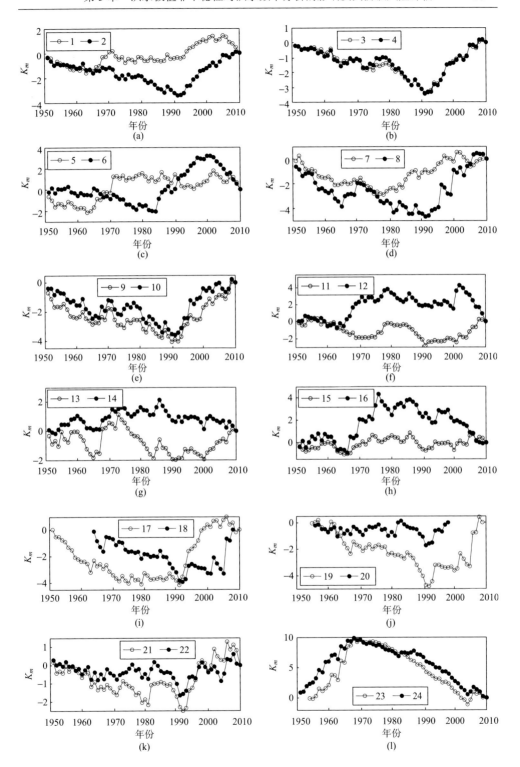

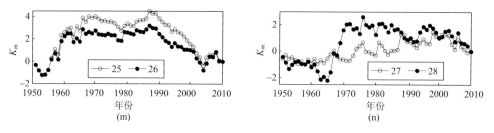

图 5-9　珠江流域 28 个站点 CSDMC 检验图

每个图例中的序号对应表 5-1 中的相应站点，纵轴表示累积距平值 K_m，横轴表示年份

最大流量序列作为样本拟合的 6 种极值分布的 K-S 统计 D 值。分析表 5-12 可知：GEV 有 8 个，占全部 28 个站点的 29%；GLO 和 P-Ⅲ分别有 7 个，分别占全部 28 个站点的 25%；GNO 有 4 个，占全部 28 个站点的 14%；Gumbel 有 2 个，占全部 28 个站点的 7%。并且对于最佳拟合极值分布不是 GEV 分布的站点，GEV 分布的 K-S 统计 D 值也比较小。

表 5-12　六种极值分布函数估计的年最大流量的 K-S 统计 D 值

序号	站点	Gumbel	GEV	GLO	GNO	GPA	P-Ⅲ
1	迁江	0.1074	**0.0428**	0.0623	0.0470	0.2698	——
2	大湟江口	0.0761	**0.0600**	0.0801	0.0625	0.2149	0.0615
3	梧州	0.1209	**0.0804**	0.0914	0.0812	0.2639	0.0808
4	高要	0.0690	0.0619	0.0755	0.0620	0.2856	**0.0602**
5	江边街	0.0540	0.0546	0.0720	0.0540	0.1780	**0.0506**
6	盘江桥	0.0607	0.0500	0.0675	0.0508	0.1089	**0.0485**
7	蔗香	0.0993	**0.0442**	0.0532	0.0451	0.1217	0.0450
8	涌尾	0.1074	0.0848	**0.0749**	0.0892	0.1815	0.0970
9	三岔	0.0622	**0.0506**	0.0548	0.0516	0.1637	0.0516
10	柳州	0.0609	0.0619	0.0793	0.0603	0.2529	**0.0557**
11	平乐	0.1111	0.0978	**0.0828**	0.0974	0.2743	0.0995
12	百色	0.0467	0.0448	0.0602	**0.0436**	0.3021	0.0444
13	新和	0.0858	0.0671	0.0825	**0.0588**	0.2291	0.0639
14	南宁	0.0611	0.0453	0.0550	0.0452	0.0713	**0.0443**
15	贵港	0.0808	0.0561	0.0621	**0.0535**	0.1665	0.0543
16	金鸡	**0.0516**	0.0537	0.0543	0.0582	0.1168	0.0673
17	长坝	**0.0767**	0.0823	0.0973	0.0818	0.1959	0.0787
18	坪石	0.1410	0.1210	**0.1126**	0.1278	0.3577	0.1367
19	犁市	0.0952	0.1021	**0.0887**	0.1113	0.3725	0.1265

续表

序号	站点	Gumbel	GEV	GLO	GNO	GPA	P-Ⅲ
20	横石	0.0767	0.0528	0.0578	**0.0524**	0.2366	0.0549
21	高道	0.0538	0.0569	**0.0518**	0.0568	0.2844	0.0595
22	石角	0.1120	**0.0795**	0.1014	0.0830	0.2081	0.0826
23	龙川	0.1021	0.0551	**0.0474**	0.0682	0.2115	0.1053
24	河源	0.0752	**0.0520**	0.0542	0.0617	0.1467	0.0806
25	岭下	0.0858	0.0860	**0.0702**	0.0893	0.2597	0.0965
26	博罗	0.0866	**0.0834**	0.0849	0.0843	0.2670	0.0865
27	双捷	0.0668	0.0552	0.0722	0.0555	0.2173	**0.0530**
28	常乐	0.0797	0.0802	0.0943	0.0763	0.1656	**0.0682**

注：加粗和下划线的数值表示每个站点最小的 K-S 统计 D 值（即最佳拟合极值分布）；—表示 K-S 统计 D 值不存在

表 5-13 展示了分别以变异前后的年最大流量序列为样本拟合的最佳的极值部分的 K-S 统计 D 值及最佳变异分段情况。表中比重为每个站点变异前后流量序列长度占全部流量序列长度的比例。表中加粗和下划线的站点为变异前后最佳极值拟合分布没有改变的站点。表 5-13 中可以看出，变异前流量序列比重最低为 22%，最高为 81%，大部分站点集中在 60% 附近，即样本容量在 36 左右（绝大部分站点总样本容量为 60）。相应地，变异后流量序列比例为 19%~78%，大部分站点集中在 40% 左右，即样本容量在 24 左右。绝大部分站点变异前后样本容量没有出现显著差异，没有出现样本过短的情况。从最佳拟合频率分布线型来看，变异前后只有 6 个站点没有改变最佳拟合频率分布线型，占全部 28 个站点的 21%。因此，就单个站点来看，珠江流域最佳拟合频率分布线型变异前后发生了改变。就整个珠江流域来说，变异前，GEV 分布是出现次数最多的最佳拟合极值分布，共出现 10 次，占全部 28 个站点的 29%；变异后，GEV 分布仍然是出现次数最多的最佳拟合极值分布，共出现 12 次，占全部 28 个站点的 43%。变异前后，整个珠江流域出现次数最多的最佳拟合极值分布没有发生变化，为 GEV 分布。结合表 5-12 中的结果，进行综合考虑，选取 GEV 分布为珠江流域 28 个站点年最大流量序列、变异前流量序列和变异后流量序列的最佳拟合极值分布。

表 5-13   珠江流域 28 个站点变异前后流量序列及最佳拟合分布线型

站点	变异前				变异后			
	流量序列/年	比重/%	分布线型	K-S 统计 D	流量序列/年	比重/%	分布线型	K-S 统计 D
迁江	1951~1963	22	GLO	0.0920	1964~2010	78	GEV	0.0669
大湟江口	1951~1991	68	GUM	0.0725	1992~2010	32	GEV	0.0834

站点	变异前				变异后			
	流量序列/年	比重/%	分布线型	K-S 统计 D	流量序列/年	比重/%	分布线型	K-S 统计 D
梧州	1951~1991	68	GEV	0.0853	1992~2010	32	GLO	0.0697
高要	1951~1991	68	P-Ⅲ	0.0742	1992~2010	32	GUM	0.0652
江边街	1951~1971	35	GUM	0.0629	1972~2010	65	GEV	0.0742
盘江桥	1951~1984	57	GUM	0.0601	1985~2010	43	GEV	0.0875
蔗香	1951~1978	47	**GEV**	0.0811	1979~2009	53	**GEV**	0.0865
涌尾	1951~1991	68	**GEV**	0.0792	1992~2010	32	**GEV**	0.0728
三岔	1951~1990	67	P-Ⅲ	0.0612	1991~2010	33	GEV	0.0741
柳州	1951~1991	68	GUM	0.0621	1992~2010	32	P-Ⅲ	0.0926
平乐	1951~1991	68	GLO	0.0752	1992~2010	32	P-Ⅲ	0.1063
百色	1951~2001	85	P-Ⅲ	0.0490	2002~2010	15	GEV	0.0699
新和	1951~1991	68	GEV	0.0745	1992~2010	32	P-Ⅲ	0.0628
南宁	1951~1986	60	GEV	0.0470	1987~2010	40	P-Ⅲ	0.0543
贵港	1951~1991	68	**GEV**	0.0600	1992~2010	32	**GEV**	0.0594
金鸡	1951~1976	43	P-Ⅲ	0.0837	1977~2010	57	GEV	0.0731
长坝	1951~1991	68	P-Ⅲ	0.0769	1992~2010	32	GLO	0.1024
坪石	1964~1992	64	P-Ⅲ	0.1206	1993~2008	36	GEV	0.1032
犁市	1955~1992	69	GLO	0.0890	1993~2009	31	GEV	0.1170
横石	1956~1991	81	**GLO**	0.0607	1992~1998	19	**GLO**	0.1276
高道	1951~1992	70	GEV	0.0540	1993~2010	30	GUM	0.1095
石角	1951~1991	68	GEV	0.0965	1992~2010	32	GNO	0.0516
龙川	1954~1976	41	**GLO**	0.0803	1977~2009	59	**GLO**	0.0692
河源	1951~1968	30	GEV	0.0629	1969~2010	70	GLO	0.0540
岭下	1956~1987	59	**GLO**	0.0512	1988~2009	41	**GLO**	0.0955
博罗	1951~1987	62	GLO	0.0976	1988~2010	38	GUM	0.0996
双捷	1951~1976	43	GEV	0.1298	1977~2010	57	GLO	0.0753
常乐	1951~1972	37	P-Ⅲ	0.0781	1973~2010	63	GEV	0.0651

注：加粗和下划线表示变异前后分布线型一致的站点

5.4.3　变异前后设计流量值变化

由图 5-10 可知，相应重现期对应的设计流量值从上游往下游累积，设计流量值沿着河流流向增加。从高程上看，高程较低的站点设计流量值较大，高程较高的站点设计流量值较小。珠江流域中下游地区（西江干流、北江中下游、东江中下游）设计流量值较大，这些区域高程较低，一旦发生洪水灾害，造成的损失往往范围广、灾害大。区域Ⅳ是珠江三角洲，同时也是我国经济最发达的地区之一，对洪水灾害具有强烈的敏感性。区域Ⅳ上游站点如西江高要站、北江石角站和东江博罗站，相应重现期的设计流量值在相应流域站点里最高。这些站点的洪峰流量一旦在珠江三角洲地区遭遇重合，加上珠江三角洲地势较低及下游潮汐顶托洪水，极易造成洪水拥高，水位上升。例如，2005 年 6 月珠江流域西江、北江和东江同时遭遇大洪水之际，又恰逢珠江口出现天文潮顶托，珠江三角洲腹部出现超 100 年一遇洪水水位，最终造成广西壮族自治区、广东省超过 130 亿元的损失。

由图 5-11 可以看出，西江流域与北江流域大部分地区变化前序列比整体序列下的设计流量值低。西江流域变化强度为–10%~0，而北江流域变化强度为–20%~–10%；东江流域大部分地区设计流量值高于整体序列下的设计流量值，随

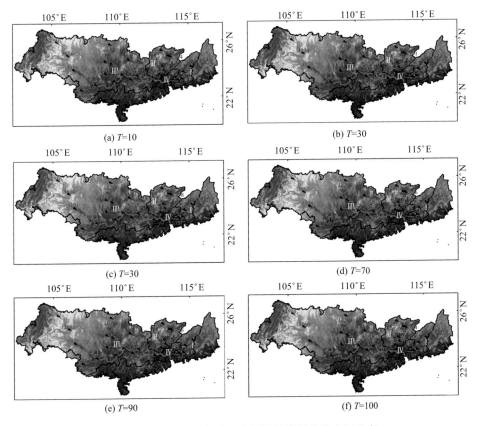

图 5-10 不同重现期珠江流域设计流量值的空间分布

以全部时间序列的年最大流量值为样本

着重现期的增加，变化强度处于20%~40%的区域在减小。变化前，整个珠江流域共有19个站点（西江12个站点，北江6个，东江1个）设计流量值低于整体序列下的设计流量值，占全部28个样本的68%，100年一遇设计流量值减幅最大达到–42%，位于北江坪石站；共有9个站点（西江4个，东江4个，北江1个）设计流量值高于整体序列下的设计流量值，占全部28个样本的32%，100年一遇设计流量值增幅最大达到34%，位于东江龙川站。

由图5-12可以看出，西江流域大部分地区和整个北江流域变化后序列比整体序列下的设计流量值高，变化强度多位于10%~30%，并且随着重现期的增加，这一区域面积随之增加；北江流域变化强度多位于10%~30%，坪石站最大达到30%~50%；整个东江流域变化后序列低于整体序列下的设计流量值，变化强度位于–3%~–10%，龙川、河源两站最高达到–50%~–30%。变化后西江、北江高流量值出现频率相对变大，较大量级的洪峰流量出现概率增加，潜在洪水风险升高。用

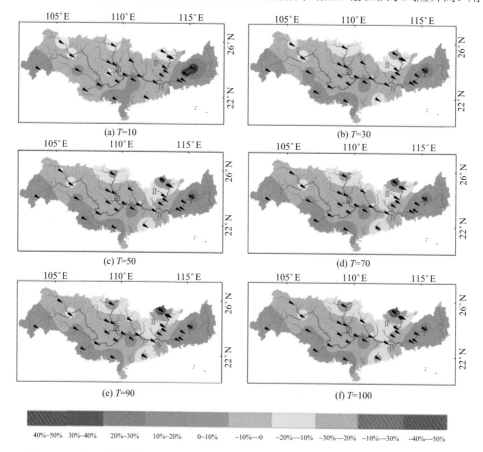

图 5-11　珠江流域变化前洪峰流量相对于整个时间序列（1951~2010年）的强度变化
负值百分数表示站点洪峰流量强度减少，正值百分数表示站点洪峰流量强度增加

整体序列进行频率分析时会高估今后的洪水重现期，反之，用整体序列对水利工程进行设计洪水计算和规划时，会低估设计重现期的洪峰流量，这将给水利工程带来潜在风险。变化后东江流域高流量出现频率相对降低，较大量级的洪峰流量出现概率减少，潜在的洪水风险变小，并且用整体序列进行频率分析时会低估今后洪水重现期。整个珠江流域，共有 19 个站点（西江 12 个站点，北江 6 个，东江 1 个）变化后序列高于整体序列下的设计流量值，占全部 28 个样本的 68%，100 年一遇设计流量值增幅最大达到 123%，位于西江百色站；共有 9 个站点（西江 4 个，东江 4 个，北江 1 个）变化后序列低于整体序列下的设计流量值，占全部 28 个样本的 32%，100 年一遇设计流量值减幅最大达到 43%，位于东江河源站。

由图 5-13 可以看出，西江、北江绝大部分区域变化前序列相对变化后序列设计流量在增加，增幅主要为 0~40%；东江整个区域设计流量在减少，减幅主要为 20%~60%。相比图 5-11，设计流量值变化幅度更大，增幅和降幅均如此（图 5-12

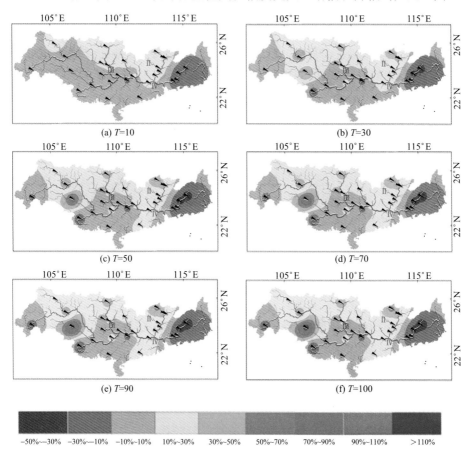

图 5-12　珠江流域变化后洪峰流量相对于整个时间序列（1951~2010 年）的强度变化

负值百分数表示站点洪峰流量强度减少，正值百分数表示站点洪峰流量强度增加

中西江、北江变化强度多位于 10%~30%，东江变化强度多位于–30%~10%），这意味着变化后序列和变化前序列相应重现期对应的设计流量值相差更大，变化前后序列呈现出更加明显的非平稳性。变化后，西江、北江较大洪峰量级出现概率增加，而东江流域较大洪峰量级出现概率变小。水文过程变化破坏了年最大流量序列的样本平稳性，如不考虑水文过程变化，洪水重现期及相应设计流量分析结果会给现有的防洪、抗旱等工程带来潜在风险。

5.4.4 变异前后洪水重现期及频率变化

图 5-14 展示了整个珠江流域、西江、北江和东江 1951~2010 年洪水发生的频次。用 GEV 分别拟合珠江流域 28 个站点年最大流量序列、变异前年最大流量序列、变异后年最大流量序列，分别计算出相应的实测流量的重现期。从图 5-14（a）中可以看出，珠江流域大于 20 年一遇洪水发生次数主要集中在 1960~1970 年、

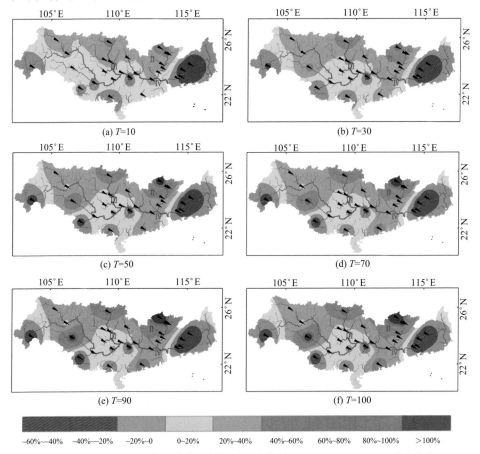

图 5-13　珠江流域变化后洪峰流量相对于变化前（1951~2010 年）的强度变化

负值百分数表示站点洪峰流量强度减少，正值百分数表示站点洪峰流量强度增加

1995~2010 年两个时间段。整个珠江流域，在对年最大流量样本进行变异前后分别处理后，相对于统一处理年最大流量样本（1951~2010 年），50 年一遇以上洪水发生次数变小，20~50 年一遇发生洪水次数变大[图 5-14（a）、图 5-14（b）]。变异后，相对于变异前，整个珠江流域大于 20 年一遇的洪水发生次数在减少[图 5-14（b）]。分开西江、北江、东江具体来看，西江、北江变异后 20 年一遇以上的洪水发生次数相对于变异前，显著减少。结合上文分析可知，减少不是洪峰流量减少引起的，而是较大量级的洪峰流量出现概率变大，导致变异后频率计算时，重现期降低，相对于统一样本处理（1951~2010 年），显著增加。东江流域变异后

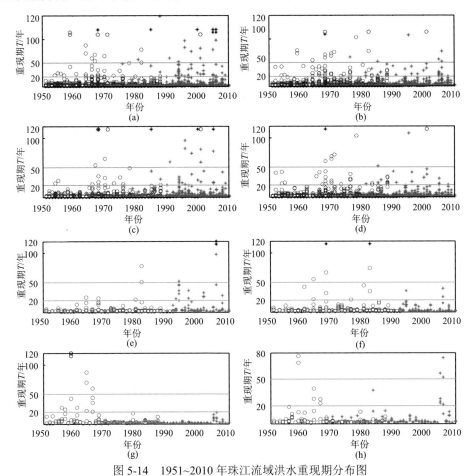

图 5-14　1951~2010 年珠江流域洪水重现期分布图

绿色的直线从上到下依次表示 $T=50$、$T=20$。蓝色圆圈表示变异之前的洪峰流量的重现期，红色星号表示变异之后的洪峰流量的重现期，黑色圆圈表示变异之前超过 100 年一遇的洪峰流量（有可能大于纵轴上限，为了便于图中显示，图中位置不代表真实数值），黑色的星号代表变异之后超过 100 年一遇的洪峰流量（有可能大于纵轴上限，为了便于图中显示，图中位置不代表真实数值）。（a）、（c）、（e）和（g）分别表示以全部时间序列为样本估计的整个珠江流域、西江、北江和东江洪峰流量重现期；（b）、（d）、（f）和（h）分别表示以变异前时间序列和变异后时间序列分别为样本估计的各个样本时期的整个珠江流域、西江、北江和东江洪峰流量重现期

20 年一遇以上的洪水发生次数相对于变异前，显著增加，结合上文分析可知，增加不是洪峰流量增加引起的，而是较大量级的洪峰流量出现概率变小，导致频率计算时，重现期增加。

图 5-15 展示了整个珠江流域、西江、北江和东江 1951~2010 年洪水发生的站次。图 5-15（a）中可以看出，统一处理样本时，20 世纪 60 年代 20~50 年一遇洪水发生站次最多，共 11 站次，21 世纪初 50 年一遇以上洪水发生站次最多，共 9 站次，并且 50 年一遇以上洪水发生站次随着时间趋于增加。图 5-15（b）中可以看出，对年最大流量样本分别进行变异前和变异后处理后，20 世纪 60 年代 20~50

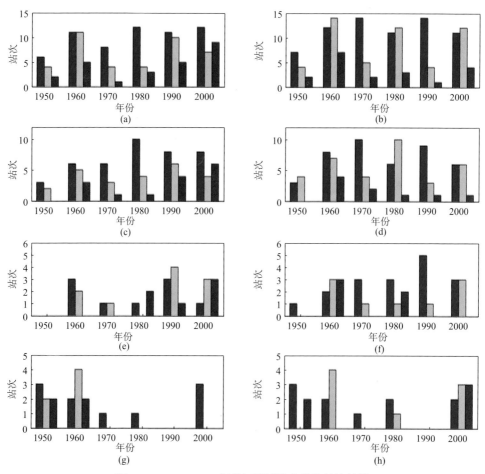

图 5-15　1951~2010 年珠江流域洪水发生站次统计

蓝色表示 10~20 年一遇；绿色表示 20~50 年一遇；红色表示大于 50 年一遇。（a）、（c）、（e）和（g）分别表示以全部时间序列为样本估计的整个珠江流域、西江、北江和东江洪水发生站次；（b）、（d）、（f）和（h）分别表示以变异前时间序列和变异后时间序列分别为样本估计的各个样本时期的整个珠江流域、西江、北江和东江洪水发生站次年一遇、50 年一遇以上洪水发生站次最多，分别为 14 站次、7 站次。21 世纪初，20~50 年一遇、50 年一遇以上洪水发生站次分别为 12 站次、4 站次。变异后，20~50 年一遇、50 年一遇以上洪水发生站次趋于增加。分开西江、北江和东江具体来看，西江、北江统一处理年最大流量样本时，20~50 年一遇、50 年一遇以上洪水发生站次在增加，尤其是 50 年一遇洪水发生站次在 21 世纪初显著增加[图 5-15（c）、（e）]；分别进行变异前和变异后处理后，20~50 年一遇、50 年一遇以上洪水发生站次在减少，尤其是 50 年一遇洪水发生站次在 21 世纪初显著减少（西江为 1 次，北江为 0 次）[图 5-15（d）、（f）]。东江流域统一处理年最大样本时，20~50 年一遇、50 年一遇以上洪水发生站次显著减少，1970 年以后为 0 次[图 5-15（g）]；分别进行变异前和变异后处理后，21 世纪初 20~50 年一遇、50 年一遇以上洪水发生站次显著增加，分别为 3 站次[图 5-15（h）]。

5.5　水文趋势对洪水频率分析的影响

5.5.1　正态性检验

通过对指数趋势模型的残差正态性和年最大日流量序列对数值的近似正态性检验分析指数趋势模型和非平稳性频率分析模型在本书中的适用性。采用 K-S 统计 D[23] 进行正态性检验。图 5-16 给出了年最大日流量序列对数值和指数趋势模型残差的正态性检验 K-S 统计 D 值[图 5-16（a）、（b）]。从图 5-16（a）中可

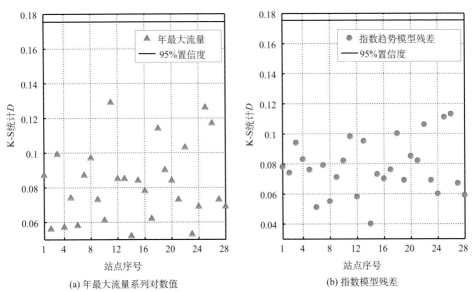

(a) 年最大流量系列对数值　　　　　　(b) 指数模型残差

图 5-16　珠江流域年最大日流量序列对数值和指数趋势模型残差正态性检验（K-S 统计 D 检验）

黑色实线表示 95%置信度

以看出，所有 28 个站点的 K-S 统计 D 值都通过了 95%置信检验，并且大部分站点 K-S 统计 D 值都低于 0.1[图 5-16（a）中 23 个站点低于 0.1，图 5-16（b）中 25 个站点低于 0.1]。这表明珠江流域 28 个站点年最大日流量序列的对数值和指数趋势模型残差较好地服从了正态分布。

　　图 5-17 选取了珠江流域 28 个站点中 K-S 统计 D 值最小的南宁站、K-S 统计 D 值位于中间的金鸡站和石角站及 K-S 统计 D 值最大的平乐站。从图 5-17 中可以看出，两参数对数正态分布很好地拟合了珠江流域 28 个站点的年最大日流量序列，即使是 K-S 统计 D 值最大的石角站（K-S 统计 D=0.129）拟合情况也较好。

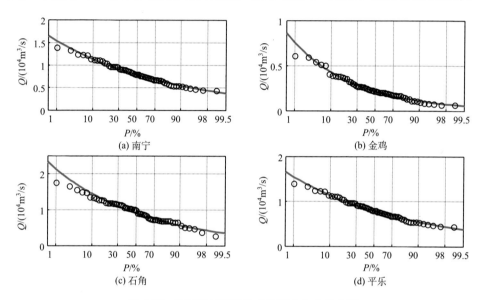

图 5-17　珠江流域两参数对数正态分布拟合图

（a）K-S 统计 D=0.052（最小值）；（b）K-S 统计 D=0.078；（c）K-S 统计 D=0.103；
（d）K-S 统计 D=0.129（最大值）

5.5.2　趋势检验和分析

　　表 5-14 给出了三种趋势检验方法的综合检验结果。加粗和加下划线的站点表示综合检验结果为趋势显著的站点。从表 5-14 中可以看出，不同的检验方法有时检验结果不完全一致。例如，梧州站线性趋势相关系数检验法和 Spearman 秩次相关系数检验法检验结果为趋势显著，Kendall 秩次相关检验法检验结果为趋势不显著，可以看出采用综合检验法的必要性。

表 5-14　珠江流域年最大日流量序列对数值趋势检验结果

站点	检验统计量			检验结果（显著为 1，不显著为-1）			总和
	线性趋势	Spearman	Kendall	线性趋势	Spearman	Kendall	
迁江	0.06	0.48	0.54	−1	−1	−1	−3
大湟江口	0.34	2.77	2.54	1	1	1	3
梧州	0.28	2.09	1.90	1	1	−1	1
高要	0.26	1.80	1.62	1	1	−1	1
江边	−0.03	−0.06	0.06	−1	−1	−1	−3
盘江桥	−0.09	−0.46	−0.45	−1	−1	−1	−3
蔗香	0.23	1.61	1.68	−1	−1	−1	−3
涌尾	0.27	1.94	1.85	1	1	−1	1
三岔	0.37	2.65	2.59	1	1	1	3
柳州	0.23	1.66	1.48	−1	−1	−1	−3
平乐	0.17	0.91	0.77	−1	−1	−1	−3
百色	−0.34	−2.25	−2.25	1	1	1	3
新和	0.20	1.97	1.98	−1	1	1	1
南宁	−0.21	−1.57	−1.47	−1	−1	−1	−3
贵港	−0.03	−0.10	−0.06	−1	−1	−1	−3
金鸡	−0.14	−0.98	−0.98	−1	−1	−1	−3
长坝	0.25	2.48	2.44	−1	1	1	1
坪石	0.25	1.06	0.98	−1	−1	−1	−3
犁市	0.20	0.89	0.78	−1	−1	−1	−3
横石	0.12	0.67	0.72	−1	−1	−1	−3
高道	0.02	−0.01	0.01	−1	−1	−1	−3
石角	0.03	0.05	0.06	−1	−1	−1	−3
龙川	−0.42	−3.16	−3.21	1	1	1	3
河源	−0.53	−4.56	−4.23	1	1	1	3
岭下	−0.32	−2.30	−2.53	1	1	1	3
博罗	−0.16	−0.93	−1.22	−1	−1	−1	−3
双捷	−0.04	−0.48	−0.55	−1	−1	−1	−3
常乐	−0.07	−0.31	−0.47	−1	−1	−1	−3

注：加粗和下划线表示站点具有显著趋势性

图 5-18 给出了趋势上升显著、趋势上升不显著、趋势下降显著和趋势下降不显著四个站点的年最大日流量序列对数值和线性趋势拟合值的关系。从图中可以直观地看出，大湟江口站和河源站年最大日流量序列具有明显的趋势性，犁市站

和双捷站具有弱趋势性。其趋势性的显著与否与指数趋势模型参数 $\hat{\beta}$ 值（图 5-19）有密切关系。结合表 5-4 和 $\hat{\beta}$ 值，分析珠江流域年最大日流量对数值序列线性趋势（上升、显著上升、下降和显著下降）地理分布规律（图 5-19）。

从图 5-19 中可以看出，具有上升趋势的站点共有 16 个，其中 7 个具有显著上升趋势，主要分布在流域的中部和北部；具有下降趋势的站点共有 12 个，其中 4 个具有显著下降趋势，主要分布在流域东部和南部。

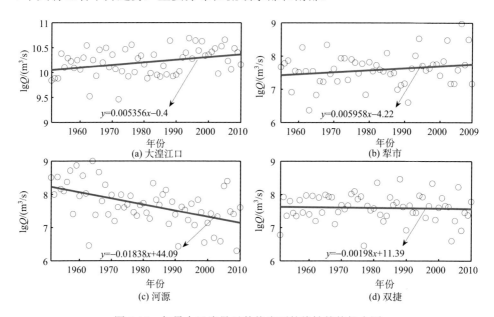

图 5-18　年最大日流量对数值序列的线性趋势拟合图

（a）显著上升；（b）上升；（c）显著下降；（d）下降。圆圈表示年最大流量系列实测值

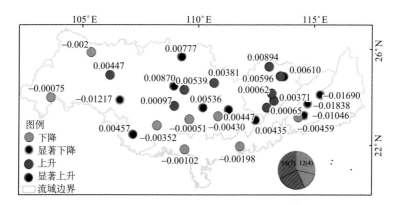

图 5-19　珠江流域年最大日流量序列对数值的线性趋势地理分布图

右下角饼状图：红色部分表示上升趋势，绿色表示下降趋势，黑色线包围的部分表示显著部分；括号外数字表示上升和下降趋势的总站数，括号内数字表示显著趋势的站数。每个站点对应的数字表示普通最小二乘法估计的 $\hat{\beta}$ 值

5.5.3　考虑时间趋势的洪水频率分析

由图 5-20 可以看出，站点不同年最大日流量趋势特性的频率分布曲线随时间的变化幅度及变化方向也不同。具有年最大日流量显著趋势的站点，相同的时间间隔，比不具有显著趋势站点的频率分布曲线变化幅度要明显增加。具有年最大日流量上升趋势的站点和具有年最大日流量下降趋势的站点的频率分布曲线随时间的变化正好相反。年最大日流量呈上升趋势的站点，频率分布曲线随时间增加而向上偏移，而年最大日流量呈下降趋势的站点正好相反。

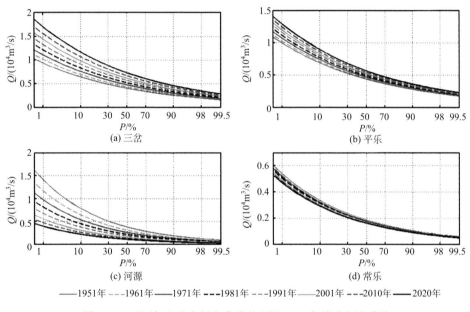

图 5-20　不同年份洪水频率曲线并预测 2020 年洪水频率曲线

（a）显著上升趋势；（b）上升趋势；（c）显著下降趋势；（d）下降趋势

由图 5-21 可以看出，具有年最大日流量趋势特性的站点，不同的年份年最大日流量设计值也是不同的。具有年最大日流量上升趋势的站点，年最大日流量设计值随时间增加而增加；年最大日流量呈下降趋势的站点则正好相反。需要指出的是：年最大日流量具有显著趋势的站点，其设计流量值随时间的变化也是显著的，尤其是对于年最大日流量具有显著上升趋势的站点。尤其需要注意的是，即使年最大日流量不具有显著趋势的站点，其设计流量值的变化随时间的累积也会达到值得注意的量级[图 5-22（b）、（d）]，这与 Porporato 和 Pidolfi[32]的研究结果是一致的。

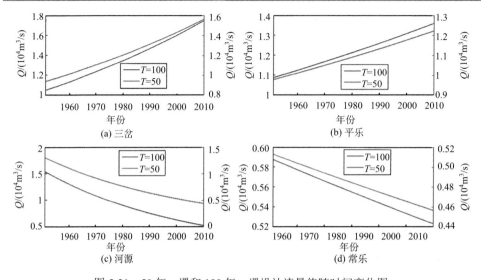

图 5-21　50 年一遇和 100 年一遇设计流量值随时间变化图

（a）显著上升趋势；（b）上升趋势；（c）显著下降趋势；（d）下降趋势

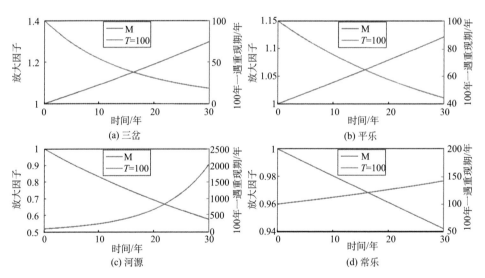

图 5-22　洪水放大因子（M）和 100 年一遇重现期（T=100）随时间的变化

（a）显著上升趋势；（b）上升趋势；（c）显著下降趋势；（d）下降趋势

图 5-22 给出了洪水放大因子和年最大日流量 100 年一遇重现期随时间的变化情况。以不同趋势性和最大 30 年间隔为例：上升趋势，洪水放大因子随时间增加而增大，并且大于 1，100 年一遇重现期随时间增加而减小；年最大日流量呈下降趋势的情况正好相反。放大因子随时间增加而增大，意味着未来同一设计量级的洪水要比现在大。即使是不显著的趋势变化，100 年一遇的重现期变化也是惊人

的。图 5-22（b）平乐站经过 30 年的变化，100 年一遇重现期不足 50 年，图 5-22（d）常乐站经过 30 年的变化，100 年一遇重现期将近 150 年。这些由年最大日流量序列的趋势性引起的变化将会对已建的防洪工程造成巨大的影响。

图 5-23 给出了间隔分别为 10 年和 20 年的珠江流域 28 个站点的放大因子空间分布图。放大因子大于 1 表示设计流量随时间增加而增加，相应的防洪工程设计标准也随时间增加而增加；放大因子小于 1 则相反。从图 5-23 可以看出，放大因子大于 1 的站点集中在整个北江流域、西江流域的中北部；放大因子小于 1 的站点集中在整个东江流域和西江流域西南部。洪水放大因子最大和最小集中的区域分别为西江干流和东江干流，这两个地区人类活动对水文过程的影响最强烈。东江流域内已建成新丰江、枫树坝、白盆珠、天堂山、显岗共五座大型水库，总库容 174.28 亿 m^3，控制博罗站以上流域面积的 46.4%。截至 2007 年，该流域提水、引水工程共计 2 万余处，年供水总量为 47.1 亿 m^3，流域内惠州市 2000~2005

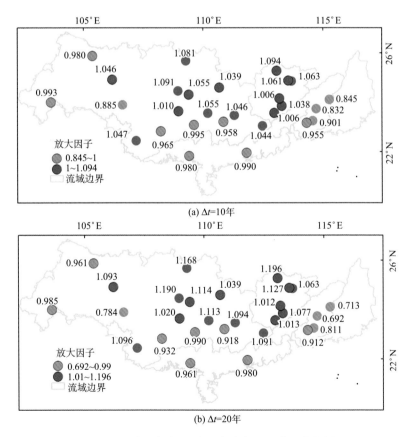

图 5-23　珠江流域 28 个站点放大因子地理分布图

年建设用地增加 2.23%，河源市 2000~2010 年建设用地增加 14.7%，流域内城市化速度加快。西江干流已经建成大藤峡水利枢纽、长洲水利枢纽，总库容 86.13 亿 m³，其中大藤峡水利枢纽控制梧州站以上流域面积的 65%，西江下游左岸建有景丰联围等围堰工程，位于西江干流的梧州市 1997~2004 年建设用地面积增加 5.5%，并在持续增加，城市化速度加快。从水利枢纽、围堰工程及城市建设用地情况看，西江干流和东江干流均受到人类活动的剧烈影响。

　　图 5-24 给出了珠江流域洪水发生站数的时间分布情况。图 5-24 是把珠江流域年最大日流量序列分别作为平稳性和非平稳性序列进行洪水频率计算（分别为灰色和黑色柱形图）。图 5-24 中显示，1971~2010 年各个重现期下，对于平稳性和非平稳性处理结果，每 10 年洪水发生站次均呈上升趋势。但是，1990~2010 年洪水发生站次，尤其是 20~50 年一遇的洪水发生站次，非平稳性相比平稳性序列处理结果，相对减少。洪水实际发生情况以珠江流域"05·6"大洪水为例来说明。东江博罗站 6 月 23 日 10 时出现洪峰水位 9.85m，洪峰流量为 7790m³/s，平稳性条件下处理结果为 8 年一遇，非平稳性条件下处理结果为 15 年一遇。对于这场全流域性大洪水及造成的相应损失而言，15 年一遇应该相对符合实际情况。

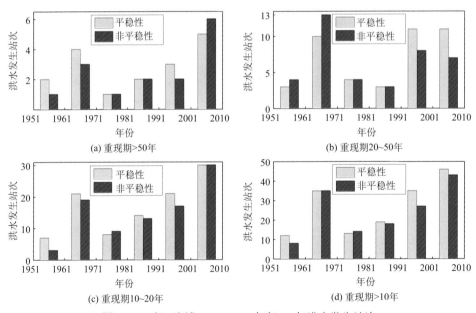

图 5-24　珠江流域 1951~2010 年每 10 年洪水发生站次

5.5.4　基于非平稳性的洪水重现期和防洪风险评估

　　图 5-25 给出了具有上升趋势站点的基于非平稳性算法的重现期和基于传统

频率算法的重现期（重现期从各站点洪峰极值序列起始年份开始计算）。对于洪峰极值序列呈下降趋势的站点，由于理论上不存在重现期上限，本书不做分析。从图 5-25 中可以看出，考虑非平稳性算法的重现期与基于传统频率算法的重现期有着显著不同。对于洪水极值序列呈上升趋势的站点，相较于传统重现期算法，考虑非平稳性算法的重现期在减小。例如，迁江、大湟江口、梧州等站传统算法 100 年一遇重现期，在考虑非平稳性条件下重现期在 60~80 年一遇范围内，意味着基于传统重现期算法建设的水利工程可能会高估其防洪能力，带来潜在的洪水危险。因此，当洪水极值序列呈现非平稳性变化特征时，应用传统的重现期算法可能会引起人们对于水利工程及防洪决策的误判，带来不必要的洪水危险及灾害损失。

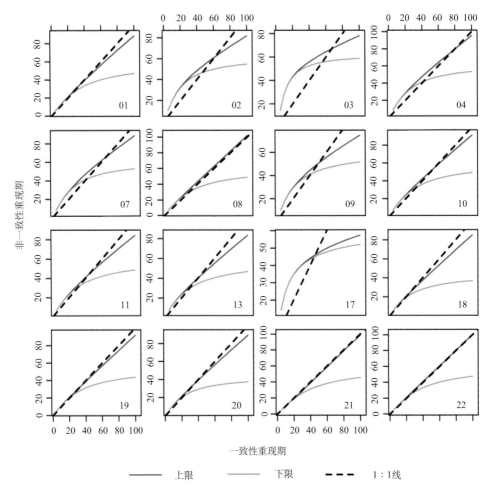

图 5-25　基于非平稳性算法的珠江流域具有上升趋势的 16 个站点重现期

图中数字表示站点序号

　　图 5-26 给出了珠江流域主要堤围工程的防洪风险评价。通过建立的柳州、梧州、横石及高要四站（分别对应柳州市、梧州市、清远市和云浮市）洪水极值序列的非平稳性频率分析模型，评价平稳性和非平稳性条件下珠江流域主要堤围的失败风险及 95% 置信区间。从图 5-26 中可以看出，非平稳性条件下的四市堤围失败风险均高于平稳性条件。其中拱卫清远市的北江大堤非平稳性条件下的失败风险与平稳性条件下的失败风险差距不大，堤围相对安全。但是拱卫柳州市、梧州市及云浮市的河东堤、河西堤及沿江大堤，其非平稳性条件下的失败风险均远高于平稳性条件，表明按照平稳性算法的河东堤、河西堤及沿江大堤理论防洪标准及设计重现期可能高于实际情况，正在面临较大的洪水威胁，其拱卫城市的防洪标准同样受到巨大挑战。如果柳州、梧州、横石及高要四站洪水极值序列按照实

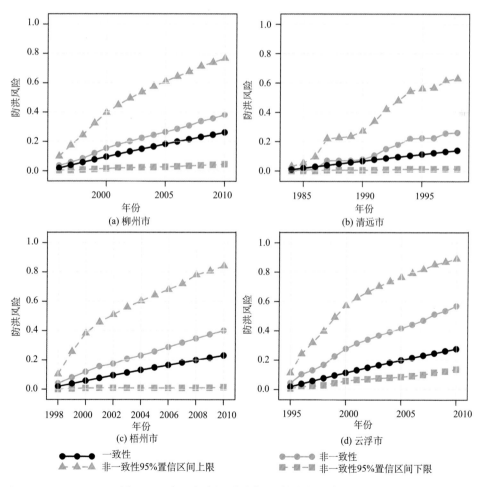

图 5-26　珠江流域主要堤围工程的防洪风险评价

测序列的趋势继续变化，河东堤、河西堤、沿江大堤失败的概率在 2030 年左右将达到100%。因此，河东堤、河西堤、沿江大堤及北江大堤急需按照新的防洪标准进行除险加固。

5.6　讨论与小结

5.6.1　讨论

整个珠江流域近 60 年来气候变化明显，流域平均温度呈显著上升趋势，上升速率为 0.1℃/10 年，并在 1987 年发生了明显变暖突变[27]。1960~2005 年珠江流域中部和上游降水减少，整个珠江流域降水天数减少，降水密度却在增加，尤其是流域中部和东部地区；整个珠江流域长历时降水在减少，短历时降水如 2~5 天降水显著增加[33]。整个流域的气候变化对流域内所有水文站点的水文变化情况造成重要影响。在流域气候变化的大环境下，流域各个区域内水文站点的水文变化情况具有其自身的规律。

西江流域平均年最大 1 天、3 天降水量呈上升趋势，1958~2007 年总体变化的倾向率分别为 1.42mm/10 年、1.53mm/10 年，但是上升趋势均不显著；西江流域东部、东北部年最大 1 天、3 天降水量增加趋势明显，其余区域呈递减趋势[34]。1960~2005 年，西江、北江下游和北盘江降水集中指数显著增加[35]。人类活动方面，西江现有大型水库 36 座，总库容 290 亿 m³。对干流或主要一级支流洪水具有调节作用的水库电站主要有天生桥一级、龙滩、百色、登碧河、大王滩、青狮潭、龟石和爽岛等，其中对西江干流桂平至梧州河段较大洪水有一定影响的主要是天生桥一级、龙滩和百色三座水库电站[36]。这些水库电站主要聚集在西江流域中部、中下游地区，水库对控制西江流域洪峰量级具有重要作用。近些年，随着社会经济的发展，西江流域土地利用方面发生了显著变化。以梧州市为例，中华人民共和国成立初期市区面积只有 1.8km²，1995 年市区面积扩大至 16.1km²，尤其是改革开放后，城市化速度明显加快，城市用地急剧上升，1978~1995 年城市用地面积平均增速为 0.5km²/年，比 1950~1978 年增长速度快一倍多[10]。气候变化和人类活动的共同作用下，西江流域各站点在不同的主要影响因子影响下呈现出不同的变化趋势。例如，位于上游的江边街站、蔗香站由于降水量的减少，年最大流量呈下降趋势；受水库调节作用影响的百色站，在上游百色水库（集水面积 19 600km²，最大库容 56.6 亿 m³）、澄碧河水库（集雨面积 2000km²，总库容 11.3 亿 m³）的调节下，年最大流量呈显著下降趋势；西江干流（代表站点迁江、大湟江口、梧州、高要站）尽管有岩滩水库、大藤峡水库和长洲水库（三大水库总集水面积 60.55 万 km²，总库容 119.1 亿 m³）的调节，但是由于受到降水增加及龙江、柳江、蒙江、桂江等支流汇流的影响，年最大流量反而呈显著上升趋势。综合分析，西江流域各站点水文变化因受主要影响因子不同而呈现出不同的变化节点和趋势。

北江流域地势为北高南低，山脉走向与偏南暖湿气流成直交或斜交，在迎风坡易产生大量降水，并沿山脉走势极易由支流汇流到下游干流。降水序列在 1992 年发生了一次跃变[37]，流域 1992 年之后降水量在增加[37]。1982~2003 年，大部分地区归一化植被指数（normalized difference vegetation index，NDVI）变化率为 −3.05，呈不显著下降趋势。人类活动方面，北江流域大型水库的总库容已经超过 50 亿 m^3，主要水利工程有南水水库、孟洲坝水库、白石窟水库、飞来峡水库等，但是没有形成对整个流域水文过程的控制性作用。流域内水文站点年最大流量序列尽管有上述大型水库消峰错峰，在 1991 年之后依然呈上升趋势。李艳等通过还原北江流域天然径流量，发现降水是北江流域发生跃变的原因，城镇化导致的下垫面变化是径流增加的原因[37]。由此可见，流域内降水增加、北高南低的地势地貌及植被覆盖率降低等综合导致了北江流域年最大流量呈上升趋势。

东江流域年最大流量序列变化时间点分别为 1968 年、1976 年、1987 年，与东江流域三大控制性水库——新丰江、枫树坝和白盆珠建成时间基本一致（分别为 1960 年、1974 年、1985 年）。这三大水库总库容为 209.6 亿 m^3，总控制集水面积为 1.17 万 km^2，占东江下游控制站博罗水文站以上控制面积的 46.6%，基本上可抗御 100 年一遇洪水。在流域三大水库调度影响下，龙川、河源和岭下站年最大流量变化后序列均值分别下降了 48%、51% 和 30%。由此可见，东江流域人类活动已经主导了流域水文过程的变化。

珠江流域年最大日流量序列趋势性对洪水频率分析的影响最终体现在珠江流域已经修建的防洪工程上。非平稳性条件下，设计洪水值随时间变化而变化。珠江流域已经修建的防洪工程大多在 1980 年以前修建完成，这些工程距离今天已经有 30 年以上的历史，30 年的间隔，设计洪水值、洪水放大因子和洪水重现期已经有了明显的变化（图 5-22、图 5-23）。尤其是对于放大因子大于 1 的站点，其所属流域的已经修建的防洪工程很可能无法满足现今的设计标准或防洪需求，存在巨大的安全隐患，这些站点具体分布在北江、西江中北部（图 5-23），意味着这两个区域应该给予更多的关注，并且应该对已经修建的防洪工程进行加固和检修，提高其原有的设计洪水标准。

5.6.2　小结

（1）用 Pettitt 法不仅可以检测年最大洪峰极值序列的均值变异，而且还可以分析方差变异，研究结果表明共有 14 个站点具有均值/方差变异。均值和方差变异具有同等的重要性，均对年最大洪峰极值序列具有重要影响。均值变异主要集中在西江干流和东江流域，东江流域径流过程受流域内大型水库控制，变异时间在流域三大水库建成时间附近，西江干流洪峰流量主要受到支流汇流和流域内气候变化影响，变异发生时间集中在 1990 年左右。在考虑变异点的前提下，珠江流域年最大洪峰极值序列基本无明显趋势性；如果不考虑变异点影响，则存在变异点的 14 个站点中，有 9 个站点具有显著趋势性，表明变异点的存在对趋势检测结果具有显著影响，这一结论对于趋势分析结论的正确得出具有重要意义。

（2）对于 Pettitt 分析结果中表明没有突变点的站点，GAMLSS 基本支持相应站点年最大洪峰序列是平稳性序列，并且 Gamma 和 Weibull 分布是这些站点的最优极值分布；Pettitt 检测的具有突变点的站点，GAMLSS 同样支持其中大部分站点具有均值或方差变异（江边街、金鸡和常乐站等除外），Gamma 和 Lognormal 分布是这些站点年最大洪峰流量的最优分布函数，且能反映年最大洪峰极值序列均值/方差变异特征。

（3）统计上检测出具有突变点或显著趋势性的站点，同样检测出其具有高 Hurst 系数，即具有显著的长期持续性（long-term persistence），反之亦然。长期持续效应同样可以解释年最大洪峰极值序列的突变或趋势性特征。所以，在没有充足证据情况下，尚不能断定序列的突变或显著趋势性是人类活动引起的亦或是受长期持续效应影响，即不能断定存在突变点或显著趋势性的年最大洪峰极值序列是平稳性序列还是长期稳定过程波动中的局部变化。东江流域受到流域内水利工程的水文调节影响，年最大洪峰极值序列即使具有高的 Hurst 系数值，同样可断定为非平稳性序列；相反，西江干流年洪峰极值序列主要受支流汇流和气候变化影响，可初步断定为受长期持续性效应的影响。

（4）珠江流域沿着河流，随着河流流量累积，河流流量从上游到下游、从北向南逐渐增加。变异后，西江、北江洪水强度相对于变异前和整个年最大流量样本都在增加，增加幅度分别主要位于 0~40%、10%~30%，西江、北江相应的洪水风险也在增加。东江流域洪水强度相对于变异前和整个年最大流量样本都在减少，减少幅度分别主要位于 20%~60%、10%~30%，东江相应的洪水风险在降低。

（5）用全部样本进行洪水频率分析时，珠江流域大于 20 年一遇洪水发生次数主要集中在 1960~1970 年、1995~2010 年两个时间段。20 世纪 60 年代 20~50 年一遇洪水发生站次最多，21 世纪 50 年一遇以上洪水发生站次最多，并且 50 年一遇以上洪水发生站次随着时间趋于增加。变异后，西江、北江流域大于 20 年一遇洪水发生次数显著减少，尤其是 50 年一遇以上的洪水，从站次上看，发生站次在减少；东江流域大于 20 年一遇洪水发生次数显著增加，发生站次也在显著增加。变异前后，整个珠江流域频率分布发生了显著变化。实际上，用珠江流域变异后的样本进行洪水频率分析时，珠江流域大于 20 年一遇洪水发生次数相比以前并没有显著增加。

（6）珠江流域年最大值序列均受到了趋势性的影响。从地理分布上讲，珠江流域北部年最大日流量序列呈上升趋势，珠江流域东部和南部年最大日流量序列呈下降趋势。趋势性对珠江流域洪水频率计算有着显著的影响。上升趋势洪水频率曲线随时间增加而向上偏移，下降趋势则相反；趋势越显著，偏移幅度越大。上升趋势设计洪水值随时间增加而增加，下降趋势则相反；趋势越显著，变化幅度越大。

（7）本书在保留序列完整性的基础上分析趋势对洪水频率及设计值的影响，并且引入洪水放大因子，直观体现现有的防洪工程能否满足未来的防洪标准。趋势显著性决定了洪水放大因子和重现期的变化情况，趋势性越显著，洪水放大因子和重现期随时间的变化越剧烈。尤其是重现期，对趋势性的敏感度最高，即使是弱趋势性，同一场洪水现在和未来的重现期也是明显不同的。洪水放大因子与防洪工程的设计标准密切相关。洪水放大因子大于 1 表示现有的防洪工程已经不能满足未来的防洪需要，存在安全隐患，这些区域主要分布在西江中北部和北江。尤其需要注意的是，洪水放大因子较大值和较小值集中在西江干流和东江干流，这两个区域受到人类活动的影响最强烈。

（8）平稳性条件下，珠江流域洪水发生次数明显增加，尤其是 20~50 年一遇的洪水；非平稳性条件下，相比平稳性条件下，珠江流域洪水发生站次较小，尤其是 20~50 年一遇的洪水。这意味着平稳性条件和非平稳性条件下，同一场洪水的重现期发生了变化。

（9）基于非平稳性算法的重现期体现出了与基于平稳性算法重现期的明显区别。当洪水极值序列呈现非平稳性变化特征时，用传统的重现期算法可能会引起人们对于水利工程及防洪决策的误判，带来不必要的洪水危险及灾害损失。珠江流域主要堤围工程（如河东堤、河西堤、北江大堤及沿江大堤等）非平稳性条件下的防洪失败风险均高于平稳性条件，但是非平稳性条件下的防洪风险评价具有较大的不确定性。河东堤、河西堤、北江大堤及沿江大堤急需按照新的防洪标准进行除险加固。

参 考 文 献

[1] Milly P C D, Betancourt J, Falkenmark M, et al. Stationarity is dead: whither water management?. Science, 2008, 319(5863): 573-574.

[2] Schiermeier Q. Increased flood risk linked to global warming. Nature, 2011, 470(7334): 316.

[3] Barnett T P, Pierce D W, Hidalgo H G, et al. Human-induced changes in the hydrology of the western United States. Science, 2008, 319(5866): 1080-1083.

[4] Koutsoyiannis D. Climate change, the Hurst phenomenon, and hydrological statistics. Hydrological Sciences Journal, 2013, 48(1): 3-24.

[5] Vogel R M, Yaindl C, Walter M. Nonstationarity: flood magnification and recurrence reduction

factors in the United States. Journal of the American Water Resources Association, 2011, 47(3): 464-474.

[6] Villarini G, Smith J A, Serinaldi F, et al. Flood frequency analysis for nonstationary annual peak records in an urban drainage basin. Advances in Water Resources, 2009, 32(8): 1255-1266.

[7] Salas J D. Handbook of Hydrology. New York: McGraw-Hill, 1993.

[8] Cunderlik J M, Burn D H. Non-stationary pooled flood frequency analysis. Journal of Hydrology, 2003, 276(1-4): 210-223.

[9] Zhang Q, Jiang T, Chen Y D, et al. Changing properties of hydrological extremes in south China: natural variations or human influences?. Hydrological Processes, 2010, 24(11): 1421-1432.

[10] 王良健, 刘伟, 包浩生. 梧州市土地利用变化的驱动力研究. 经济地理, 1999, 19(4): 74-79.

[11] 陈晓宏, 陈永勤. 珠江三角洲网河区水文与地貌特征变异及其成因. 地理学报, 2002, 57(4): 429-436.

[12] Villarini G, Serinaldi F, Smith J A, et al. On the stationarity of annual flood peaks in the continental United States during the 20th century. Water Resources Research, 2009, 45(8): 1-17.

[13] 庄常陵. 相关系数检验法与方差分析的一致性的讨论. 高等函授学报, 2003, 16(4): 11-14.

[14] 潘承毅, 何迎晖. 数理统计的原理和方法. 上海: 同济大学出版社, 1992.

[15] 周芬. Kendall 检验在水文序列趋势分析中的比较研究. 人民珠江, 2005, 26(S1): 35-37.

[16] 谢平, 陈广才, 雷红富, 等. 变化环境下地表水资源评价方法. 北京: 科学出版社, 2009.

[17] Rigby R A, Stasinopoulos D M. Generalized additive models for location, scale and shape. Journal of the Royal Statistical Society: Series C (Applied Statistics), 2005, 54(3): 507-554.

[18] Kundzewicz Z W, Robson A. Detection Trend and Other Changes in Hydrological Data. Geneva: WCDMP-45, 2000.

[19] 雷红富, 谢平, 陈广才, 等. 水文序列变异点检验方法的性能比较分析. 水电能源科学, 2007, 25(4): 36-40.

[20] McGilchrist C A, Woodyer K D. Note on a distribution-free CUSUM technique. Technometrics, 1975, 17(3): 321-325.

[21] Mares C, Mares I, Stanciu A. Extreme value analysis in the Danube lower basin discharge time series in the twentieth century. Theoretical and Applied Climatology, 2009, 95(3-4): 223-233.

[22] Hosking J R M. L-moments: analysis and estimation of distributions using linear combinations of order statistics. Journal of the Royal Statistical Society: Series B, 1990, 52(1): 105-124.

[23] Messey F J. The Kolmogorov-Smirnov test for goodness of fit. Journal of the American Statistical Association, 1951, 46(253): 68-78.

[24] Vogel R M, Yaindl C, Walter M. Nonstationarity: flood magnification and recurrence reduction factors in the United States. Journal of the American water resources association, 2011, 47(3): 464-474.

[25] Salas J D, Obeysekera J. Revisiting the concepts of return period and risk for nonstationary hydrologic extreme events. Journal of Hydrologic Engineering, 2014, 19(3): 554-568.

[26] Singh V P, Anderson M, Bengtsson L, et al. Extremes in a Changing Climate. New York: Springer, 2013.

[27] 王兆礼, 陈晓宏, 黄国如. 近 40 年来珠江流域平均气温时空演变特征. 热带地理, 2007, 27(4): 289-293.

[28] 纪忠萍, 吴秀兰, 刘燕, 等. 西江流域汛期暴雨与 500 hPa 关键区准双周振荡的关系. 热带气象学报, 2012, 28(4): 497-505.

[29] 王兆礼, 陈晓宏, 张灵, 等. 近 40 年来珠江流域降水量的时空演变特征. 水文, 2006, 26(6): 71-75.

[30] 王兆礼, 陈晓宏, 李艳. 珠江流域植被覆盖时空变化分析. 生态科学, 2006, 25(4): 303-307.

[31] 谢平, 胡彩霞, 谭莹莹, 等. 西江归槽洪水研究展望. 黑龙江大学工程学报, 2010, 1(1): 29-33.

[32] Porporato A, Ridolfi L. Influence of weak trends on exceedance probability. Stochastic Hydrology and Hydraulics, 1998, 12(1): 1-14.

[33] Zhang Q, Singh V P, Peng J T, et al. Spatial–temporal changes of precipitation structure across the Pearl River basin, China. Journal of Hydrology, 2012, 440-441(03): 113-122.

[34] 朱颖洁, 郭纯青, 黄夏坤. 广西西江流域降水极值趋势分析. 水文, 2012, 32(2): 72-77.

[35] Zhang Q, Xu C Y, Gemmer M, et al. Changing properties of precipitation concentration in the Pearl River basin, China. Stochastic Environmental Research and Risk Assessment, 2009, 23(3): 377-385.

[36] 苏灵, 梁才贵. 广西境内西江干流洪水特征变化初探. 水文, 2012, 32(1): 92-96.

[37] 李艳, 陈晓宏, 王兆礼. 人类活动对北江流域径流系列变化的影响初探. 自然资源学报, 2006, 21(6): 910-915.

第6章 基于水库调节及低频气候变化的非平稳性洪水频率分析

目前关于非平稳性洪水频率的研究虽没有传统频率丰富，但在不断增加，如分解合成法[1]、混合分布法[2]、时变参数法[3]及多变量非平稳性分析[4]等。非平稳性洪水频率模型分布参数与分布本身均随时间的变化而变化，由此会带来超过概率的变化及相应设计值的不确定性。从总体上看，非平稳性洪水频率模型包括极值模型、r-最大理论、POT（peaks-over-threshold）法、时间变化矩、洪水频率分析池、当地似然与分位数回归等[5]。在研究中造成分布参数及分布本身变化的（自然或人为的）因素常常需要合并到上述非平稳性洪水频率模型中，如低频气候变化、土地利用、水库及人口指标等[3]。

风暴潮、强降水及极端暴雨易引发珠江流域洪水[6]，而低频气候变化对珠江流域风暴潮、降水有显著的影响。Chan 和 Zhou[7]发现中国华南地区夏季（5~6月）季风降水的年代际变化与 ENSO 和 PDO 相关；Zhang 等[8]深入研究了 ENSO、El Niño Modoki 等多个全球气候变化信号对东江流域降水的影响。低频气候变化对东江流域降水的影响通过地表水文过程会对洪水产生一定的影响。东江流域已建水库（枫树坝、新丰江、白盆珠等）也在改变流域内地表水文过程[9]。因此，本书将气候变化（低频气候变化）和人类活动（水库）综合合并到非平稳性洪水频率分析模型中，分析东江流域洪水极值序列频率和量级的变化特征，从而对理解气候变化和人类活动影响下东江流域防洪安全、生态环境演变等具有重要现实意义。

6.1 研究区域和数据

东江是珠江流域重要的支流之一，是珠江三角洲主要城市及香港等区域的重要水源地，香港逾 80%的年供水量主要来自东江流域。至 2006 年，东江流域建有蓄水工程 896 座，总库容 190.2 亿 m³。主要的大型水库有新丰江、枫树坝、白盆珠、天堂山和显岗五座（图 6-1），总库容达 174.29 亿 m³（表 6-1），这些水库对东江流域径流变化具有重要影响[9]。

本书选取东江流域干流主要控制水文站点 1954~2009 年日流量数据进行研究。水文站点地理分布见图 6-1，详细信息见表 6-2。通过 1954~2009 年日流量数据计算各个站点多年平均径流量,并提取年最大日流量序列进行洪水频率分析。所选数据来源于广东省水文局,没有缺测,经过系统整编,质量可靠。

表 6-1 东江流域所有大一型水库详细信息

水库	起建时间/年	竣工时间/年	经度/°	纬度/°	集水面积/km²	总库容/亿 m³
新丰江	1958	1962	114.63	23.72	5734	138.96
枫树坝	1970	1974	115.35	24.40	5150	19.32
白盆珠	1959	1985	115.03	23.08	856	12.20
天堂山	1978	1992	114.17	23.78	461	2.43
显岗	1959	1963	114.12	23.25	295	1.38

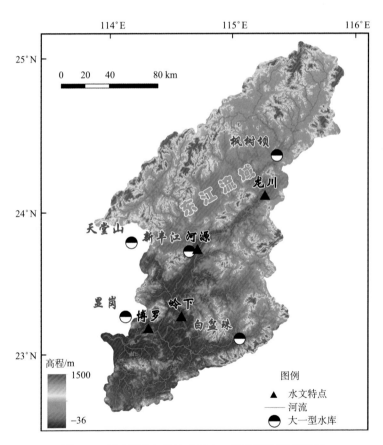

图 6-1 东江流域水文站点及大一型水库地理分布图

表 6-2 　东江流域水文站点详细信息

站点	流域面积/km²	多年平均径流量/亿 m³	经度/°	纬度/°
龙川	7699	63.25	115.25	24.12
河源	15750	144.73	114.70	23.73
岭下	20557	191.02	114.57	23.25
博罗	25325	234.17	114.30	23.17

所分析的全球气候变化信号主要为：北极涛动（arctic oscillation，AO）、北太平洋涛动（north pacific oscillation，NPO）、太平洋十年涛动（pacific decadal oscillation，PDO）与南方涛动指数（southem oscillation index，SOI）。多项研究表明上述四种气候变化信号对中国区域气候有显著影响[8,10-12]。上述气候指标数据来源于 http://www.esrl.noaa.gov/psd/data/climateindices/list/。

6.2 　研 究 方 法

6.2.1 水库指标

López 和 Francés[3]提出一种用来反映大坝和水库对洪水变化影响的水库指标（reservoir index，RI）：

$$RI = \sum_{i=1}^{N} \left(\frac{A_i}{A_T} \right) \left(\frac{C_i}{C_T} \right) \tag{6-1}$$

式中，N 为水文站点上游水库数量；A_i 为水库集水面积（km²）；A_T 为水文站点集水面积（km²）；C_i 为水库总库容（亿 m³）；C_T 为水文站点多年平均径流量（亿 m³）。López 和 Francés[3]在大量研究水库对径流机制改变的基础上，划分出改变径流机制高低程度的水库指标阈值为 0.25，RI 值越大，改变程度越大。

6.2.2 GAMLSS

本书选择 GAMLSS 来分析平稳性条件下以时间为解释变量，非平稳性条件下以气候指标和水库指标为解释变量的东江流域洪水频率变化特征。在 GAMLSS[13]中，响应变量 Y [本书为年最大流量序列（annual maximum series，AMS）]具有一个全参数累积概率分布函数，并且可以构建分布参数与解释变量的统计关系，本书为时间（t_i）、气候指标（AO_i、NPO_i、PDO_i、SOI_i）或水库指标（RI）。当累积概率分布参数为常量时，GAMLSS 就变成传统的平稳性模型（Model 0）；当模型中累积概率分布参数随时间 t_i 变化时，GAMLSS 为非平稳性模型（Model 1）；当累积概率分布参数随气候指标和水库指标变化时，GAMLSS

为非平稳性模型（Model 2）。

选择三次立方样条函数为参数和解释变量之间的联系函数，同时选择五种常用的两参数分布作为拟合分布，即 Gumbel（GU）、Gamma（GA）、Weibull（WEI）、Logistic（LO）和 Lognormal（LOGNO）（表 6-3）。对每种模型（Model 0、Model 1 和 Model 2）分别用五种分布拟合东江流域各站点年最大流量序列，计算每次拟合时的 AIC 值：

$$\text{GAIC} = -2\ell(\hat{\boldsymbol{\theta}}) + \#\cdot\text{df} \tag{6-2}$$

式中，GAIC 为广义 AIC 值；$\ell(\hat{\boldsymbol{\theta}})$ 为回归参数估计值所对应的对数似然函数；df 为模型自由度；#为惩罚因子，#=2 时，GAIC 为 AIC 值。

最小的 AIC 值对应的分布为最优拟合分布。最优拟合分布对年最大流量序列的拟合质量，用 worm 图进行判断[13]。GAMLSS 通过模型拟合 AIC 值判别年最大流量序列适用于平稳性/非平稳性模型，如果非平稳性模型拟合 AIC 值小于平稳性模型拟合 AIC 值，则 GAMLSS 倾向于用非平稳性模型进行年最大流量序列频率分析。这一判别方式在其他的非平稳性模型（如 GEVcdn 模型）中也得到了采用[14]。

表 6-3　本书用来拟合季节性降水序列的五种概率分布的详细信息

分布函数	概率密度函数	分布矩	连接函数	
			θ_1	θ_2
Gumbel	$f_Y(y\|\theta_1,\theta_2) = \dfrac{1}{\theta_2}\exp\left\{-\left(\dfrac{y-\theta_1}{\theta_2}\right) - \exp\left[-\dfrac{(y-\theta_1)}{\theta_2}\right]\right\}$ $-\infty < y < \infty, -\infty < \theta_1 < \infty, \theta_2 > 0$	$E[Y] = \theta_1 + \gamma\theta_2 \cong \theta_1 + 0.57722\theta_2$ $\text{Var}[Y] = \pi^2\theta_2^2 / 6 \cong 1.64493\theta_2^2$	一致	log
Weibull	$f_Y(y\|\theta_1,\theta_2) = \dfrac{\theta_2 y^{\theta_2-1}}{\theta_1^{\theta_2}}\exp\left\{-\left(\dfrac{y}{\theta_1}\right)^{\theta_2}\right\}$ $y > 0, \theta_1 > 0, \theta_2 > 0$	$E[Y] = \theta_1\Gamma(\dfrac{1}{\theta_1}+1)$ $\text{Var}[Y] = \theta_1^2\left\{\Gamma(\dfrac{2}{\theta_2}+1) - \left[\Gamma(\dfrac{1}{\theta_2}+1)\right]^2\right\}$	log	log
Gamma	$f_Y(y\|\theta_1,\theta_2) = \dfrac{1}{(\theta_2^2\theta_1)^{1/\theta_2^2}}\dfrac{y^{\frac{1}{\theta_2^2}-1}\exp\left[-y/(\theta_2^2\theta_1)\right]}{\Gamma(1/\theta_2^2)}$ $y > 0, \theta_1 > 0, \theta_2 > 0$	$E[Y] = \theta_1$ $\text{Var}[Y] = \theta_1^2\theta_2^2$	log	log
Lognormal	$f_Y(y\|\theta_1,\theta_2) = \dfrac{1}{\sqrt{2\pi\theta_2^2}}\dfrac{1}{y}\exp\left\{-\dfrac{\|\log(y)-\theta_1\|^2}{2\theta_2^2}\right\}$ $y > 0, \theta_1 > 0, \theta_2 > 0$	$E[Y] = \omega^{1/2}e^{\theta_1}$ $\text{Var}[Y] = \omega(\omega-1)e^{2\theta_1}$, where $\omega = \exp(\theta_2^2)$	一致	一致
Logistic	$f_Y(y\|\mu,\sigma) = \dfrac{\exp(-\dfrac{y-\mu}{\sigma})}{\sigma[1+\exp(-\dfrac{y-\mu}{\sigma})]^2}$ $-\infty < y < \infty, -\infty < \mu < \infty, \sigma > 0$	$E[Y] = \sigma$ $\text{Var}[Y] = \sigma^2\dfrac{\pi^2}{3}$	一致	log

6.3 水库指标分析

对东江流域内新丰江、枫树坝、白盆珠、天堂山和显岗五座大一型水库建立水库指标 RI（图 6-2）。河源站径流过程显著受新丰江水库的影响[图 6-2（b）]，其 RI 值在 1962~1973 年达到 0.350，远超 0.250 这一阈值；1973~2009 年 RI 值进一步增加达到 0.394，表明枫树坝水库对其径流过程也产生了一定影响。龙川站和岭下站径流过程同样受到水库的影响，但未达到显著水平。龙川站[图 6-2（a）]在 1974 年之后受枫树坝水库的影响，RI 值为 0.204；岭下站[图 6-2（c）]1962~1973 年受新丰江水库影响，RI 值为 0.203，而在 1974~2009 年，则受新丰江和枫树坝两个水库的共同影响，RI 值达到 0.228。博罗站[图 6-2（d）]径流过程受到水库的影响较小，RI 值最高达到 0.153。相比新丰江、枫树坝和白盆珠水库三大水库的影响而言，天堂山和显岗两座水库分别对应岭下和博罗两站的 RI 为 0.000 285、0.000 258，因此天堂山和显岗两座水库对岭下、博罗两站径流的影响可以忽略不计。

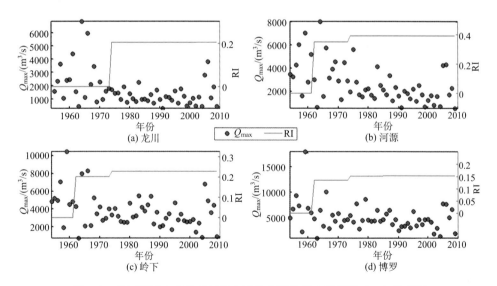

图 6-2 东江流域水文站点年最大流量实测值和水库指标（RI）计算值

6.4 GAMLSS 模型构建

用 AIC 准则确定三种模型（Model 0、Model 1 和 Model 2）下最优拟合分布、分布参数最佳协变量及分布参数与最佳协变量之间的函数关系（表 6-4）。总体上

表 6-4　各模型年最大流量序列最优拟合分布及分布参数与解释变量的函数关系

站点	Model 0	Model 1			Model 2		
	最佳分布	最佳分布	θ_1	θ_2	最佳分布	θ_1	θ_2
龙川	Lognormal	Lognormal	t	ct	Lognormal	NPO+RI	cs(PDO)
河源	Lognormal	Gamma	t	ct	Gamma	NPO+RI	cs(PDO)
岭下	Gamma	Gamma	t	ct	Lognormal	NPO+RI	PDO+cs(SOI)
博罗	Gamma	Weibull	cs(t)	cs(t)	Logistic	AO+NPO+RI	AO+cs(NPO)+PDO

注：cs(·)表示三次立方样条平滑函数；t、NPO、AO 等表示分布参数与时间或相应的气候指标呈线性函数关系；ct 表示分布参数为常量

看，Lognormal 和 Gamma 分布对东江流域年最大流量序列拟合较好，是三种模型选择次数最多的分布（总次数 12 次中的 10 次）。对于 Model 1，龙川、河源和岭下三站分布参数 θ_1（对应年最大流量序列均值）均表现出与时间 t_i 的线性依赖关系，分布参数 θ_2（对应年最大流量序列方差）为常量。博罗站分布参数 θ_1、θ_2 均表现出与时间 t_i 的非线性依赖关系。对于 Model 2，RI 对所有水文站点年最大流量序列均有影响，这种影响均只体现在年最大流量序列均值与 RI 的线性依赖关系上，年最大流量序列方差则没有受到 RI 的影响。NPO 是所有站点分布参数 θ_1 的最佳协变量，PDO 则是所有站点分布参数 θ_2 的最佳协变量，AO 和 PDO 均对分布参数 θ_1 和 θ_2 影响较小。因此，东江流域年最大流量序列很可能受到 NPO 和 PDO 的共同影响，NPO 主要通过线性依赖关系影响序列均值，PDO 主要通过线性（岭下、博罗）或非线性（龙川、河源）依赖关系影响序列方差。

由图 6-3 可以看出，四种气候指标与各站点年最大流量序列相关性均未达到显著性水平，主要是由于东江流域径流过程受到流域内水库的水文调节影响，进而影响了年最大流量序列与气候指标的相关性。尽管四种气候指标均未达到显著性水平，但是在这四种气候指标中，龙川、河源、岭下三站年最大流量序列与 NPO 相关性最高，PDO 与龙川、河源两站年最大流量序列相对其他指标相关性也较高。

表 6-5 给出了 Model 0、Model 1 和 Model 2 条件下各站点年最大流量序列 GAMLSS 拟合残差 Filliben 系数（PPCC）及残差的分布矩。从表 6-5 可以看出，各模型拟合残差 Filliben 系数基本都≥0.979，表明各模型残差均较好地服从正态分布（样本容量大小为 56 时，Filliben 系数的 95%显著性约为 0.979）。图 6-4 给出了各模型残差 worm 图，各模型标准残差点均位于 95%置信区间内，进一步说明了 Model 0、Model 1 和 Model 2 拟合效果较好。

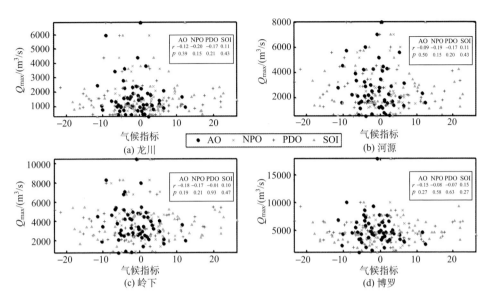

图 6-3　东江流域年最大流量值与气候指标（AO、NPO、PDO、SOI）的散点图

r 表示相关系数；p 值小于 0.05 时，年最大流量值与气候指标显著相关

表 6-5　三种 Model 类型下模型拟合残差的前四阶矩和 Filliben 系数

Model 类型	站点	均值	方差	偏态系数	峰度系数	Filliben 系数
Model 0	龙川	0.000	1.018	0.210	2.965	0.993
	河源	0.000	1.018	−0.185	2.533	0.992
	岭下	0.000	1.018	−0.009	3.403	0.990
	博罗	−0.002	1.018	0.396	4.767	0.979
Model 1	龙川	0.000	1.018	0.280	3.182	0.989
	河源	−0.002	1.017	0.241	2.971	0.994
	岭下	0.001	1.019	−0.166	3.411	0.991
	博罗	0.017	0.947	0.470	2.807	0.986
Model 2	龙川	−0.018	1.018	0.084	2.214	0.993
	河源	0.006	1.025	0.148	1.983	0.984
	岭下	−0.034	1.017	−0.262	2.558	0.991
	博罗	0.007	1.028	0.790	3.367	0.973

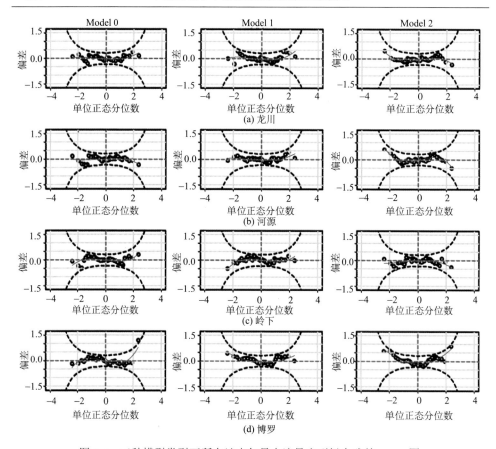

图 6-4　三种模型类型下所有站点年最大流量序列拟合残差 worm 图

两条黑色圆弧虚线表示 95%置信区间

6.5　非平稳性模型分析

图 6-5 给出了基于 Model 1 和 Model 2 估计的各站点 5%、50%和 95%分位数曲线。Model 1 识别出东江流域各个站点年最大流量 5%、50%及 95%分位数均呈下降趋势，这种趋势在 1970 年之后更加明显，但博罗站年最大流量 95%分位数在 20 世纪 90 年代之后呈上升趋势。显然 Model 1 分位数曲线能够充分描述年最大流量序列不同量级下的时间变化特征，但是却不能充分描述年最大流量后续的变化，如龙川、河源和岭下三站年最大流量序列 95%分位数量级在 90 年代后呈上升趋势，而 Model 1 模拟结果却为下降趋势。Model 1 的另一个缺陷是不能反映出水库引起的年最大流量序列的突变特征，龙川、河源、岭下和博罗四站 5%、50%及 95%分位数曲线均为平滑变化曲线。

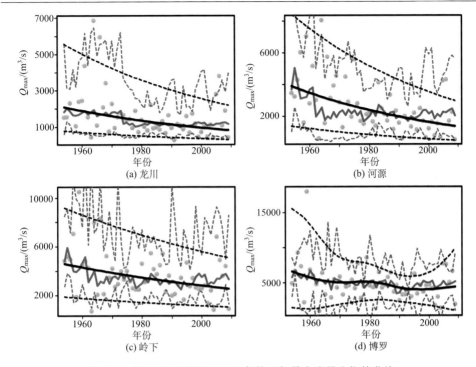

图 6-5　在 Model 1 和 Model 2 条件下年最大流量分位数曲线

绿色圆点为 AMS；上、中、下三条黑线分别表示 5%、50%、95%分位数线（Model 1）；上、中、下三条红线分别表示 5%、50%、95%分位数线（Model 2）

从图 6-5 中还可以看出，Model 2 在加入气候指标和 RI 后，年最大流量序列分位数曲线能够清晰反映出序列的变化特征。Model 2 能够更加充分地抓住年最大流量序列的随机性及离散性特征，并且能够清晰地体现气候指标和 RI 对年最大流量序列的影响，尤其是水库引起序列的突变。龙川站年最大流量序列 50%、95%分位数曲线在 1974 年左右突然向下跃变，河源站年最大流量序列 5%、50%及 95%分位数曲线在 1962 年左右均突然向下跃变，岭下站 50%分位数曲线在 1962 年左右突然向下跃变，这些跃变时间与新丰江和枫树坝两大水库的建成时间吻合一致。博罗站受到水库影响较小，年最大流量序列则没有反映出上述特征。结合 RI，能够明显解释龙川、河源和岭下三站由于水库对径流过程的水文调节作用，其年最大流量量级在 1974 年之后的突然变小。另外，Model 2 中龙川、河源和岭下站年最大流量序列 95%分位数曲线在 1975~1985 年有一个突然下降趋势，随后在 1990~2009 年有一个上升趋势。

分析 Model 1 和 Model 2 分布函数参数时间变化趋势，可以进一步了解 Model 1 和 Model 2 分位数表现的差异性。图 6-6 给出了 Model 1 中分布函数参数 θ_1 和 θ_2 的时间变化趋势。从图 6-6 中可以看出，龙川、河源和岭下三站分布函数参数 θ_1 随时间变化过程较为相似,都是近似直线下降,博罗站分布函数参数 θ_1 在 1954~1995 年呈下降趋势,1996~2009 年呈上升趋势,并在 1995 年左右达到最小值。龙川、河源和岭下三站分布函数参数 θ_2 不随时间变化,均为常量,博罗站分布函数参数 θ_2 随时间变化,形状近似抛物线,并且在 1990 年左右达到最大值。Model 1 分布函数参数单调、平滑性变化导致了年最大流量分位数曲线的单调、平滑性变化特征。

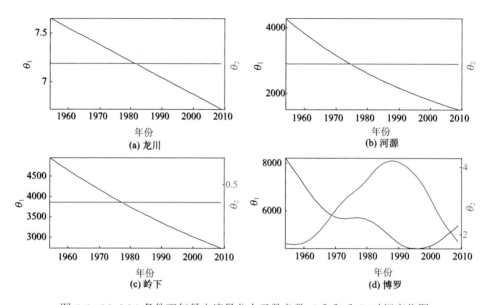

图 6-6　Model 1 条件下年最大流量分布函数参数(θ_1 和 θ_2)时间变化图

图 6-7 给出了 Model 2 分布函数参数 θ_1 和 θ_2 时间变化趋势图。与 Model 1 明显不同,分布函数参数 θ_1 和 θ_2 均呈随机波动特征,没有呈现单调、平滑的变化。龙川站分布函数参数 θ_1 和 θ_2 在 1974 年左右均呈突然减小趋势,并且均在 1974 年达到最大值。河源站分布函数参数 θ_1 在 1962 年左右突然减小,分布函数参数 θ_2 则在 1974 年左右突然减小。岭下站分布函数参数 θ_1 在 1962 年左右突然减小,分布函数参数 θ_2 随机性波动特征较为明显,没有明显的趋势和跳跃。博罗站分布函数参数 θ_1 和 θ_2 随时间变化均没有明显的跳跃,总体上呈下降趋势,并且在 1995 之后,变化趋于平稳。Model 2 分布函数参数随机波动特征及跃变特征最终反映在年最大流量序列分位数曲线变化特征中。

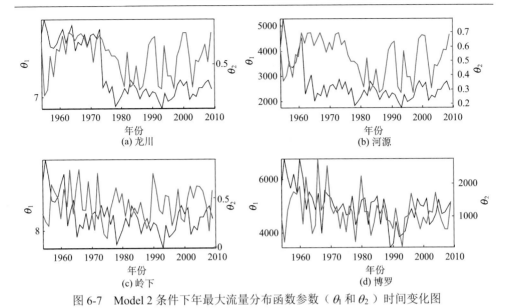

图 6-7　Model 2 条件下年最大流量分布函数参数（θ_1 和 θ_2）时间变化图

6.6　非平稳性模型与平稳性模型模拟结果比较研究

图 6-8 给出了 Model 0 和 Model 2 条件下，年最大流量分位数线随气候指标 NPO 的变化［NPO 对所有站点均值均有广泛的影响（表 6-4、图 6-3）］。从图 6-8 中可以看出，相对于非平稳性模型 Model 2，当 NPO 值较小时，平稳性模型 Model 0 可能低估了设计洪水值；当 NPO 值较大时，平稳性模型 Model 0 可能高估了设计洪水值。这意味着，在东江流域应用平稳性模型估计设计洪水并应用到水利工程中，会带来一系列的问题。东江流域各站点均表现出高 NPO 值对应着较低的洪水风险、低 NPO 值对应着较高的洪水风险的规律。从图 6-8 中同样可以看出，东江流域各站点年最大流量分位数值与 NPO 呈随机波动下降的趋势，并没有呈现单调、平滑的变化，原因是 RI 及其他气候指标对年最大流量分位数值与 NPO 关系的识别进行了干扰。

图 6-8 Model 0 和 Model 2 条件下年最大流量分位数线随气候指标 NPO 的变化分别基于 Model 0、Model 1 和 Model 2 估计东江流域四个站点 10 年、20 年、50 年一遇设计洪水值（图 6-9~图 6-11）。图 6-9~图 6-11 共同表现出 Model 0、Model 1 和 Model 2 设计洪水值明显不同的变化特征，但是 Model 0、Model 1 和 Model 2 各模型内 10 年、20 年、50 年一遇设计洪水值变化特征相似，不一一分析。以图 6-9 为例，龙川站、河源站和岭下站 10 年一遇设计洪水值，在 Model 1 条件下均表现为整个时期内始终呈现下降趋势，并且在 1954~1974 年 10 年一遇设计洪水值高于 Model 0，1975 年之后 10 年一遇设计洪水值低于 Model 0；博罗站 10

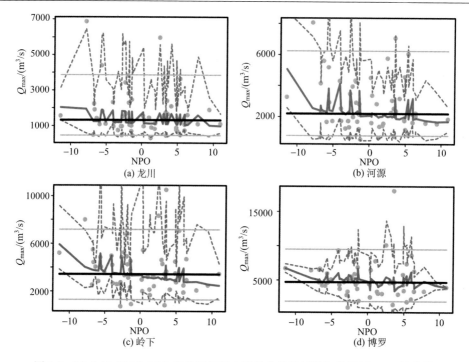

图 6-8　Model 0 和 Model 2 条件下年最大流量分位数线随气候指标 NPO 的变化

上下两条灰色实线分别表示 5%和 95%分位数线，黑色实线表示 50%分位数线（Model 0）；上下两条红色虚线分
别表示 5%和 95%分位数线，红色实线表示 50%分位数线（Model 2）

年一遇设计洪水值在 Model 1 条件下 1954~1995 年呈现下降趋势，1996~2009 年呈现上升趋势，并且 1954~1968 年设计洪水值高于 Model 0，1969~2009 年设计洪水值低于 Model 0。龙川站在 Model 2 条件下，10 年一遇设计洪水值呈随机性变化，1954~1974 年在高于 Model 0 的区域内呈现平稳随机波动，1975 年之后突然下降，在低于 Model 0 的区域内呈现平稳随机波动。河源站在 Model 2 条件下，10 年一遇设计洪水值在 1962 年突然下降，1962~1974 年在低于 Model 0 的区域内呈平稳随机波动，在 1974 年再一次突然下降，之后又呈现出随机波动变化。岭下站在 Model 2 条件下，10 年一遇设计洪水值在 1974 年之前呈现出波动性下降趋势，1974 年之后在 Model 0 的附近平稳随机波动。博罗站在 Model 2 条件下，10 年一遇设计洪水值 1970 年之前在高于 Model 0 区域内呈现平稳随机波动，1970 年左右突然下降，之后在低于 Model 0 区域内呈现平稳随机波动。20 年和 50 年一遇设计洪水值变化特征与 10 年一遇设计洪水值相似。10 年、20 年和 50 年一遇设计洪水值的变化情况，同样可以明显反映出水库对东江流域设计值的影响。

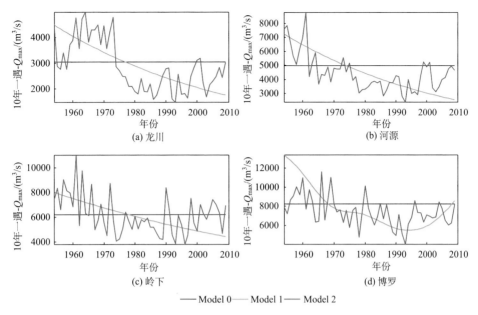

图 6-9　Model 0、Model 1 和 Model 2 条件下 10 年一遇设计流量值

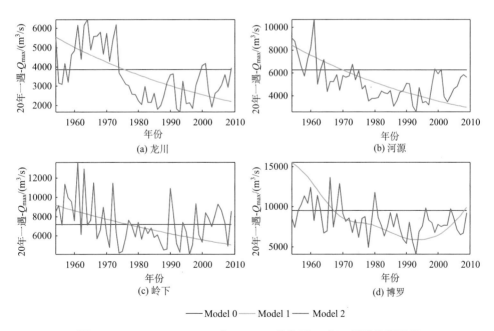

图 6-10　Model 0、Model 1 和 Model 2 条件下 20 年一遇设计流量值

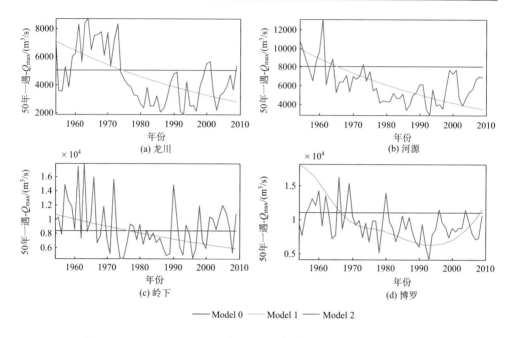

图 6-11　Model 0、Model 1 和 Model 2 条件下 50 年一遇设计流量值

　　从图 6-9~图 6-11 中可以看出，用平稳性模型 Model 0 估计洪水设计值时，会导致如下两种结果：在水库建成前低估洪水设计值，在水库建成后高估洪水设计值。非平稳性模型 Model 1 和 Model 2 估计的洪水设计值不再是一个固定的值，而是一个变化的范围，见表 6-6。以 50 年一遇为例，龙川站 Model 0 估计的洪水设计值为 5038m³/s，Model 1 估计的洪水设计值最小为 2800 m³/s，最大为 7092 m³/s，Model 2 估计的洪水设计值最小为 1901 m³/s，最大为 8713 m³/s；岭下站 Model 0 估计的洪水设计值为 8089m³/s，Model 1 估计的洪水设计值最小为 3525m³/s，最大为 9946 m³/s，Model 2 估计的洪水设计值最小为 2884 m³/s，最大为 13 109 m³/s。上述行为同样发生在岭下和博罗两站。可以发现，龙川、河源和

表 6-6　Model 1 和 Model 2 下 10 年、20 年和 50 年一遇设计洪水值的最小和最大值

站点	10 年一遇/（m³/s）		20 年一遇/（m³/s）		50 年一遇/（m³/s）	
	Model 1	Model 2	Model 1	Model 2	Model 1	Model 2
	最小~最大	最小~最大	最小~最大	最小~最大	最小~最大	最小~最大
龙川	1771~4486	1494~4967	2197~5565	1673~6470	2800~7092	1901~8713
河源	2570~7252	2395~8782	2996~8453	2618~10684	3525~9946	2884~13109
岭下	4426~8000	3806~11017	5085~9192	4119~13640	5898~10661	4491~17835
博罗	5512~13371	4054~11582	5892~15592	4096~13654	6301~18221	4150~16281

岭下三站 Model 2 估计的洪水设计值范围包含了 Model 1 估计的洪水设计值范围（博罗站 Model 2 估计的洪水设计值最大值略低于 Model 1），从工程应用角度来讲，Model 2 更偏向于安全。动态的洪水设计值挑战了原有的平稳性假设及重现期定义，因此在非平稳性条件下需要重新定义重现期。

6.7　基于非平稳性模型的水文过程模拟及预测

在非平稳性模型 Model 1 和 Model 2 中，建立了分布函数参数与时间或气候指标及水库指标的函数关系，同时可根据已经建立的函数关系对年最大流量序列分位数值进行预测。基于各站点 1954~1994 年年最大流量序列对模型进行模拟，然后预测 1995~2009 年年最大流量序列分位数值（图 6-12、图 6-13）。图 6-12 给出了基于 Model 1 的预测效果，可以看出，以时间趋势为基础的 Model 1 在预测上并不能反映出年最大流量序列分位数值（尤其是 95%分位数曲线）的变化特征。Model 1 在预测中，分位数曲线会保留率定期（1954~1994 年）建立的变化趋势记忆，并将这种记忆延伸到对未来的预测中，不能较好地反映出未来年最大流量序列的变化特征。例如，龙川、河源和岭下三站 95%分位数曲线并不能感应出 2000 年之后年最大流量序列的增加趋势，尤其是博罗站预测的 5%、50%和 95%分位数曲线几乎合为一条曲线。

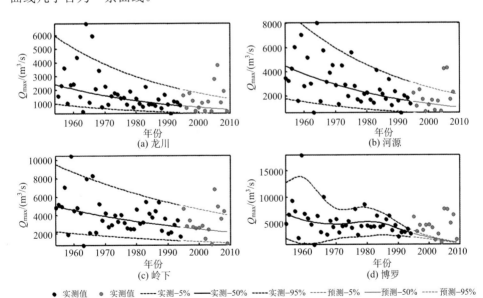

图 6-12　Model 1 条件下用 1954~1994 年实测年最大流量预测 1995~2009 年分位数曲线

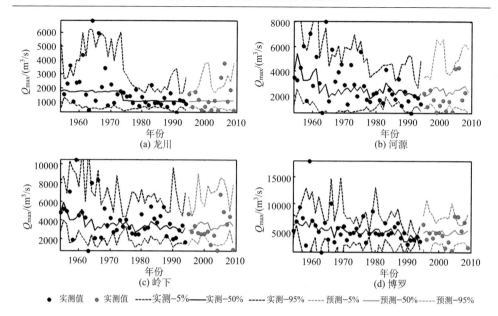

图 6-13　Model 2 条件下用 1954~1994 年实测年最大流量预测 1995~2009 年分位数曲线

图 6-13 给出了基于 Model 2 的年最大流量分位数值预测，可以看出，Model 2 在预测上表现效果明显好于 Model 1。Model 2 预测分位数值较少受到率定期建立的趋势影响，并且能充分反映出预测期内年最大流量值不同量级分位数值的变化特征。龙川站、河源站和岭下站在预测期内表现效果均较好，同时反映出了年最大流量序列的随机波动变化特征。相比 Model 1，Model 2 在博罗站的预测效果有明显的改进。

毫无疑问，以气候指标和水库指标构建的非平稳性模型 Model 2 能够充分抓住年最大流量序列的变化特征，且具有良好的预测效果，但是以 Model 2 为基础对未来洪水设计值进行预测，需要相关的气候指标和水库指标预测值，如果应用于工程，还需要进一步的论证。

6.8　小　　结

基于 GAMLSS 将时间、气候指标和水库指标纳入到非平稳性分析框架中，构建了三种模型（平稳性模型 Model 0、以时间为协变量的非平稳性模型 Model 1、以气候指标和水库指标为协变量的非平稳性模型 Model 2），进行洪水频率分析，得出了以下结论：

（1）龙川、河源和岭下年最大流量序列均值与时间呈线性依赖关系，方差则是不受时间影响的常量，博罗站年最大流量序列均值和方差均与时间呈非线性依赖关系。

（2）水库对东江流域各站点年最大流量序列均值有广泛的影响，其中对河源站影响最显著，水库指标 RI 达到 0.394，超过显著性临界值 0.25。NPO 对东江流域年最大流量序列均值有广泛的线性影响，PDO 则对年最大流量序列方差有广泛的线性（岭下、博罗）及非线性影响（龙川、河源）。

（3）相对于非平稳性模型 Model 2，当 NPO 值较小时，平稳性模型 Model 0 可能低估了设计洪水值；当 NPO 值较大时，平稳性模型 Model 0 可能高估了设计洪水值。东江流域各站点均表现出高 NPO 值对应着较低的洪水风险、低 NPO 值对应着较高的洪水风险的规律。水库干扰了东江流域年最大流量值序列与 NPO 之间的关系。

（4）在 Model 1 条件下，龙川站、河源站和岭下站 T 年一遇设计值在整个时期内呈单调下降趋势，博罗站 1954~1995 年呈现下降趋势，1996~2009 年呈现上升趋势；在 Model 2 条件下，龙川站、河源站和岭下站 T 年一遇设计值均因水库的影响存在跳跃性下降的情况。整体上看，所有站点 T 年一遇设计值均呈波动性下降趋势变化。

（5）Model 1 和 Model 2 均给出了各站点 T 年一遇设计值变化区间，但是 Model 2 变化区间包含 Model 1，从工程角度讲，更安全。以气候指标和水库指标构建的非平稳性模型能够充分抓住年最大流量序列的变化特征，具有良好的预测效果，但是以 Model 2 为基础对未来洪水设计值进行预测，则需要相关的气候指标和水库指标预测值，如果应用于工程，还需要进一步的论证。

参 考 文 献

[1] 谢平, 陈广才, 夏军. 变化环境下非一致性年径流序列的水文频率计算原理. 武汉大学学报(工学版), 2005, 38(6): 6-15.

[2] 冯平, 曾杭, 李新. 混合分布在非一致性洪水频率分析的应用. 天津大学学报(自然科学与工程技术版), 2013, 46(4): 298-303.

[3] López J, Francés F. Non-stationary flood frequency analysis in continental Spanish rivers, using climate and reservoir indices as external covariates. Hydrology and Earth System Sciences, 2013, 17(8): 3189-3203.

[4] 冯平, 李新. 基于 Copula 函数的非一致性洪水峰量联合分析. 水利学报, 2013, 44(10): 1137-1147.

[5] Khaliq M N, Ouarda T B M J, Ondo J C, et al. Frequency analysis of a sequence of dependent and/or non-stationary hydro-meteorological observations: a review. Journal of Hydrology, 2006, 329(3-4): 534-552.

[6] 珠江水利网. 珠江简介. http://www.pearlwater.gov.cn/zjgk/lshz/t20041104_1296.htm [2014-5-20].

[7]　Chan J C L, Zhou W. PDO, ENSO and the early summer monsoon rainfall over south China. Geophysical Research Letters, 2005, 32(8): 1-5.

[8]　Zhang Q, Li J F, Singh V P, et al. Influence of ENSO on precipitation in the East River basin, South China. Journal of Geophysical Research, 2013, 118(5): 2207-2219.

[9]　Chen Y Q D, Yang T, Xu C Y, et al. Hydrologic alteration along the Middle and Upper East River (Dongjiang) basin, South China: a visually enhanced mining on the results of RVA method. Stochastic Environmental Research and Risk Assessment, 2000, 24(1): 9-18.

[10]　张静, 李跃清, 蒋兴文. 东亚冬季风的时空变化及其与 ENSO、AO 相互关系的研究进展. 高原山地气象研究, 2012, 32(3): 89-96.

[11]　张静, 朱伟军, 李忠贤. 北太平洋涛动与淮河流域夏季降水异常的关系. 南京气象学院学报, 2007, 30(4): 546-550.

[12]　Juan F, Li J P. Influence of El Niño Modoki on spring rainfall over south China. Journal of Geophysical Research, 2011, 116(D13): 1-10.

[13]　Rigby R A, Stasinopoulos D M. Generalized additive models for location, scale and shape. Journal of the Royal Statistical Society: Series C(Applied Statistics), 2005, 54(3): 507-554.

[14]　Adlouni S E, Ouarda T B M J, Zhang X, et al. Generalized maximum likelihood estimators for the nonstationary generalized extreme value model. Water Resources Research, 2007, 43(3): 1-13.

第7章 径流过程时空特征及水利工程影响与水生态效应

人类从河道中直接获取水资源、食物及满足生活方式多样性的各种需求，故而水生态系统对人类的生活方式、生活文化及生活质量有着重要的价值[1]。从河道中取水满足生活、农业、工业等用水的需要，就不得不考虑水生态系统的健康。从生物学角度来讲，天然的河流径流机制（如具有明显差异的高流量和低流量）具有调节生物种类、数量及保持生物多样性平衡的重要作用，甚至规范着生物进程比率[2]。保持天然的河流径流机制对建立和维护生物多样性和生态完整性有重要意义[3]。天然河流径流机制通过以下四种指标进行定义：量级、频率、历时及极端高流量和低流量出现时间。这四种指标的动态变化和区域差异性对河流生态系统进行不断的干扰，长期的过程中也形成了生物平衡[4]。因此区域径流时间和空间的差异性或均匀度同样能反映区域生态多样性的状况。

水库等人类活动对地表水文过程及径流机制的影响是显著的[5]。据统计，我国库容达到 10 万 m^3 及以上的水库工程共 98 002 座，总库容为 9323.12 亿 m^3[6]，约占全国总径流量的 34.5%。如此大量的水库建设已经干扰了原始的河流径流机制、水文过程及径流动态的差异性，进一步威胁了天然河流的生物多样性[7]。另一方面，水库调节造成的流量过程均一化及洪水脉冲过程削弱，都会导致淡水生态系统不同程度的退化。因此在进行水资源开发与利用时，有必要考虑径流变化的生态效应。

为评价水库或大坝对河流生态系统的影响，并制定最优化水库运行方案，需要建立指标来量化水库或大坝对河流水文的改变程度。Olden 和 Poff 总结了 170 多个水文指标，发现这些指标过于冗余且具有明显相关性[8]。Richter 等总结并归纳了 33 个水文改变指标（indicators of hydrologic alteration，IHA）来充分反映径流机制年内及年际变化特征[9]，并被广泛使用[10,11]。相比 170 多个水文指标，IHA 中的 33 个指标尽管已简化很多，但指标之间的相关性问题仍然没有得到较好解决[12]，且不利于水库等基于生态径流机制的运行调度[13]。

综上所述，本章拟从以下两个方面评价水利工程对径流过程的影响及其水生态效应。一方面，开展全国尺度径流过程时空均一化评价，从区域尺度上研究水库等人类活动对径流过程时空差异性的影响；另一方面，构建广义生态径流指标，分析受水库调节的典型小流域的生物多样性变化。

7.1　研究区域和数据

7.1.1　区域尺度

　　中国共分为 10 个水文区域（图 7-1）：松花江流域（Songhua River，SHR）、辽河流域（Liaohe River，LR）、海河流域（Haihe River，HR）、淮河流域（Huaihe River，HuR）、长江流域（Yangtze River，YTR）、黄河流域（Yellow River，YR）、珠江流域（Pearl River，PR）、东南诸河（Southeast Rivers，SER）、西南诸河（Southwest Rivers，SWR）及西北内陆河（Northwest Inland River，NWR）。从 554 个降水站点获取 1961~2000 年日降水数据（图 7-1），将日降水数据处理成月降水数据，降水数据来源于中国气象局国家气候中心。从 370 个站点获取 1960~2000 年月径流数据，径流数据有少量缺测，缺测率小于 1%，缺测值采用前后七年滑动平均进行插值，径流数据来源于中华人民共和国水利部。降水数据和径流数据质量得到了严格控制。另外本书收集了截至 2000 年全国（不含香港、澳门和台湾地区）所有大一型水库的建成时间、库容及位置等信息，截止到 2000 年共有 457 座大一型水库（水库数量没有得到确切核实，可能有少量遗漏）（图 7-1）。

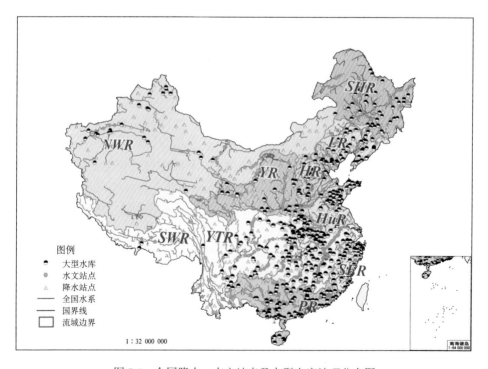

图 7-1　全国降水、水文站点及大型水库地理分布图

7.1.2　典型小流域

东江流域是珠江流域的重要支流,发源于江西省,主要河段位于广东省,全长 562km,集水面积为 35 340km² (图 7-2)。东江流域水资源已经被高度开发和利用,以满足供水、发电、航运、灌溉及抑制海水入侵等需求。近年来,香港超过 80%的供水来自东江流域。另外,流域内建有三座控制性大型水库(图 7-2、表 7-1),显著地改变了东江流域径流机制,增加了水文过程的复杂度[14]。

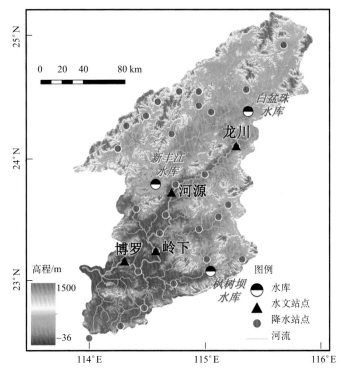

图 7-2　东江流域水文站点、降水站点和水库地理分布图

表 7-1　东江流域主要大型水库详细信息

水库	建造时期/年	集水面积/km²	总库容/亿 m³
新丰江	1958~1962	5 734	138.96
枫树坝	1970~1974	5 150	19.32
白盆珠	1959~1985	856	12.20

本书选取东江流域主要控制性水文站点(龙川、河源、岭下和博罗四站)1954~2009 年日流量数据进行分析(图 7-2、表 7-2),数据来源于广东省水文局,

无缺测，并且经过系统整编，质量可靠。水文序列按照水库建成时间，划分为受水库影响前序列（天然序列）和受水库影响后序列（改变序列）（表 7-2）。龙川站和河源站分别位于枫树坝和新丰江水库下游（图 7-2），因此分别以两个水库建成时间 1974 年、1962 年为分割点（表 7-1、表 7-2）；岭下站和博罗站均位于枫树坝和新丰江水库下游，张强等发现岭下和博罗两站径流在 1973 年有一个改变[15]，因此以枫树坝水库建成时间 1974 年为分割点（表 7-1、表 7-2）。另外选取分布在整个东江流域 29 个降水站点的 1959~2009 年日降水数据（图 7-2），数据有少量缺测。

表 7-2　水文站点详细信息

站点	经度	纬度	集水面积/km²	水库影响前序列	水库影响后序列
龙川	115°15′E	24°07′N	7 699	1954-04-01~1974-03-01	1974-04-01~2009-03-01
河源	114°42′E	23°44′N	15 750	1954-04-01~1962-03-01	1962-04-01~2009-03-01
岭下	114°34′E	23°15′N	20 557	1954-04-01~1974-03-01	1974-04-01~2009-03-01
博罗	114°28′E	23°18′N	25 325	1954-04-01~1974-03-01	1974-04-01~2009-03-01

7.2　研　究　方　法

7.2.1　基于 Gini 系数的径流年内分配均匀度评价

Gini 系数由意大利经济学家提出，最早是经济学领域刻画国民收入分布平等程度的指标[16]，近些年逐步引入到水文学领域，用来描述径流年内和年际间分配的均匀度[17,18]。

设非负随机变量 Y（本书中 Y 表示径流量），其累积概率分布函数为 $F(x)$，有如下关系：

$$F(x) = P(Y \leqslant x) \tag{7-1}$$

由式（7-1）可导出：

$$F^{-1}(u) = \inf \{ x : F(x) > u \}, (0 \leqslant u < 1) \tag{7-2}$$

式中，$F^{-1}(1) = \infty$。

由式（7-2）进一步推出：

$$L(p) = \frac{1}{\mu} \int_0^p F^{-1}(u) \mathrm{d}u, (0 \leqslant p \leqslant 1) \tag{7-3}$$

式中，$L(p)$ 为随机变量 Y 的洛伦兹函数；μ 为 Y 的数学期望。

若 A 表示洛伦兹曲线与直线 $y = x$ 围成的面积，Δ 表示直线 $y = x$、$x = 1$ 与 x

轴围成的面积，则 Gini 系数（G）表示为

$$G = \frac{A}{\Delta} = 1 - 2\int_0^1 L(p)\mathrm{d}p \qquad (7\text{-}4)$$

在水文学中，x 取 1~12 月，随机变量 Y 为各月径流，Gini 系数就可反映出水文站点径流年内分配均匀度。Gini 系数越大说明径流年内分配越不均匀，反之亦然。

7.2.2　基于 ANOSIM 径流空间均匀度评价

生态学概念中，天然径流机制用四个水文特征进行衡量：量级、频率、历时和时间[7]，每一个水文特征在水生态系统中均起到重要的作用[9]。Richter 等[19]和 Chen 等[11]基于上述四种水文特征定义了 33 个水文指标，并得到了广泛的运用。对于月尺度降水和径流数据，上述水文特征被定义为 14 个水文指标（表 7-3）[20]。

表 7-3　衡量水文变化机制的 14 个指标

指标	意义	计算方法
W	冬季径流量的季节系数	12~2 月径流量之和与全年径流量的比值
SP	春季径流量的季节系数	3~5 月径流量之和与全年径流量的比值
SU	夏季径流量的季节系数	6~8 月径流量之和与全年径流量的比值
F	秋季径流量的季节系数	9~11 月径流量之和与全年径流量的比值
W/SP	冬季径流量与春季径流量的比值	W 与 SP 的比值
SP/SU	春季径流量与夏季径流量的比值	SP 与 SU 的比值
SU/F	夏季径流量与秋季径流量的比值	SU 与 F 的比值
F/W	秋季径流量与冬季径流量的比值	F 与 W 的比值
MAM	最大月径流的月系数	最大月径流与全年径流量的比值
MIM	最小月径流的月系数	最小月径流与全年径流量的比值
CI	丰枯差异系数	最小月径流与最大月径流的比值
CV	离差系数	每年月径流标准差与均值的比值
TMAX	最大月径流发生的月份	每年最大月径流发生的月份
TMIM	最小月径流发生的月份	每年最小月径流发生的月份

根据上述 14 个水文指标，用相似性分析（analysis of similarities，ANOSIM）评价两个或更多样本单元的统计差异性（或均匀度）[7]。ANOSIM 原用于生态学领域，主要评价两组分别包含多个样本、每个样本包含多个物种的生物群落的差异性。就降水和径流而言，水文区域对应生物群落，降水和径流站点分别对应样本，每个站点 14 个水文指标（表 7-3）代表 14 个物种。首先基于 Bray-Curtis 距

离建立差异性矩阵，两站点 j、k 之间和站点之内的降水或径流差异性 δ_{jk} 计算如下[21]：

$$\delta_{jk} = \sum_{i=1}^{n} 100 \left| y_{ij} - y_{ik} \right| / \sum_{i=1}^{n} \left| y_{ij} + y_{ik} \right| \tag{7-5}$$

式中，y_{ij} 为第 i 个物种在第 j 个样本中的丰富度；n 为样本物种种类的数量。基于式（7-5），衡量群落 r_B 和 r_w 之间的平均等级差异性的 ANOSIM 统计值 R 计算如下：

$$R = (r_B - r_w) / [N(N-1)/4] \tag{7-6}$$

式中，N 为考虑的样本总数量。

　　R 的取值范围在 $(-1,1)$，R 取正值且 R 值越大，表示水文区域内具有较高的均匀度；R 取正值且 R 值越小，表示水文区域内具有较高的差异性。以水库建成时间为分割点，将径流时间序列分为建库前序列和建库后序列，分别计算建库前和建库后的 ANOSIM 统计值 R。由于近几十年人类活动对径流机制干预范围和程度都在加大，很难找到天然的河流作为参考河流，消除区域气候变化对区域均匀度的影响，所以选择覆盖全国（不含香港、澳门和台湾地区）的 554 个降水站点，计算水文区域内降水的 ANOSIM 统计值 R 来反映气候变化带来的影响。结合降水和径流区域均匀度的变化分析水库对径流机制的影响。

7.2.3　生态剩余和生态赤字

　　Vogel 等于 2007 年提出生态剩余和生态赤字两个广义指标来评价河道径流生态机制[22]。生态剩余和生态赤字均以流量历时曲线（flow duration curve，FDC）为基础。FDC 由选择时间段的日流量数据构造，衡量流量超过一个给定值的时间历时百分比。一段时间内日流量数据 Q_i 由大到小排列，其超过概率为[22]

$$p_i = i / (n+1) \tag{7-7}$$

式中，i 为秩次；n 为日流量观测值 Q_i 的样本大小。

　　FDC 可以表述为 Q_i 是 p_i 的函数。日流量序列既可以构造年尺度 FDC 也可以构造季节尺度 FDC。东江流域 1954~2009 年日流量数据，以水库建成时间为分割点，分割点前的序列代表天然机制径流，分别构造分割点前序列每一年年 FDC 和季节 FDC，然后求得 25% 和 75% 分位数的年 FDC 和季节 FDC，作为河流生态系统保护范围。一个给定年的高于 75% 分位数的年 FDC 或季节 FDC 围成的面积定义为生态剩余；一个给定年的低于 25% 分位数的年 FDC 或季节 FDC 围成的面积定义为生态赤字[22]。生态剩余和生态赤字统一定义为生态径流（eco-flow）指标。

7.2.4　径流过程改变程度评价

IHA32 个指标用于量化河流流态变化特征[23]。分割前序列每个参数的范围分为三类，将默认分类分位数由 33%、67%调整为 25%和 75%，从而和 FDC 分类标准一致。用主成分分析从 IHA32 个指标中识别与生态最相关的水文指标，定量评价改变后河流流态与天然河流流态的偏差，水文改变程度计算如下[24]：

$$D_i = \frac{N_{o,i} - N_e}{N_e} \times 100\% \qquad (7\text{-}8)$$

式中，D_i 为第 i 个指标的水文改变程度；$N_{o,i}$ 为改变后径流序列 IHA 值在 25%~75%分类范围内的年数；N_e 为相应期望年数（$N_e = P \times N_T$，P 为 50%，N_T 为改变后径流序列的总年数）。

基于每个指标的改变程度 D_i，改变后序列总的水文改变程度计算如下[24]：

$$D_o = \left(\frac{1}{32} \sum_{i=1}^{32} D_i^2 \right)^{1/2} \qquad (7\text{-}9)$$

Black 等于 2005 年提出了另一个广义的水文改变指标 DHRAM 来衡量人类活动对水文机制改变的程度和范围[25]。基于 IHA32 个指标改变前后的变化百分比，DHRAM 计算出一个分数值（变化范围为 0~30），分数值越大，河流流态改变程度越大，生态系统遭受破坏的风险越大。D_o 和 DHRAM 共同作为衡量总的水文改变程度的指标，评价水文机制改变对河流生态系统的风险。

7.2.5　生物多样性影响评价

香农指数（shannon index，SI）是运用最广泛的评价生物多样性的指标[26]：

$$\text{SI} = -\sum_i p_i \times \lg p_i \qquad (7\text{-}10)$$

式中，p_i 为群落属于第 i 个物种的比例。

SI 越大表示生物多样性越丰富。Yang 等用 GP（genetic programming）算法，基于 IHA32 个指标建立了 SI 与水文指标的最佳拟合关系[27]：

$$\text{SI} = \frac{D_{\min} / \text{Min7} + D_{\min}}{Q_3 + Q_5 + \text{Min3} + 2 \times \text{Max3}} + R_{\text{rate}} \qquad (7\text{-}11)$$

式中，$D_{\min}$ 为最小一天流量的"Julian"日期；Min3、Min7 分别为最小三天流量和最小七天流量；Max3 为最大三天流量；Q_3、Q_5 分别为 3 月、5 月流量，R_{rate} 为连续日流量之间正差异均值。

由于缺乏东江流域河道生物群落和种类数量的数据，无法直接计算 SI 指标，但根据 SI 与水文指标构建的关系式，则可以初步粗略预测水库建立后对河道生物多样性的影响程度，但是还需要在以后的生物群落和种类数据实际测量中进一步验证。

7.3　中国地表径流过程时空均匀度评价

7.3.1　年内分配均匀度变化

确定人类活动对径流时间序列的干扰时间分割点比较复杂，常常以水库建成时间为下游水文站点径流受到人类活动干扰的分割点。本书共收集 457 座大型水库，370 个水文站点，平均一个站点对应不止一座水库。水库空间分布不均匀，对于水库密集的水文区域如长江流域，每条河流建有多个大型水库（图 7-1），每个水库建成时间也不一致，导致各个水文站点径流序列分割时间难以确定。另外本书收集的径流时间序列长度只有 40 年，总体来说偏短，对确定序列分割时间也有一定限制。Poff 等建议将河系水库建成时间平均值作为径流时间序列的分割点[7]。图 7-3 给出了各个水文区域内水库建成时间的分布情况，可以看出大多数水文区域（除了 SWR）水库建成时间 50%或 75%分位数位于 1980 年或 1980 年以前。从经济发展角度看，1980 年我国刚进行改革开放不久，在此之后各行各业都较之前有了显著的发展，其中也包括农业、工业及满足农业、工业用水的水利工程建

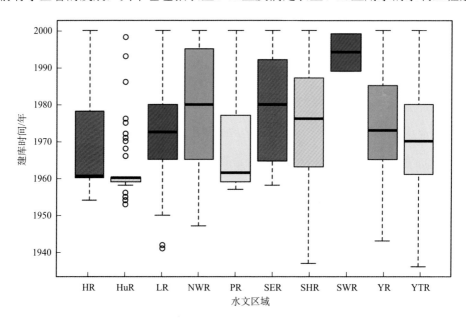

图 7-3　全国各水文区域大型水库建库时间

黑色圆圈表示建库时间，盒子中黑色的线表示 50%分位数，盒子上、下边界分别表示 75%和 25%分位数，虚线连接的最外边的上、下线分别表示 95%和 5%分位数

设。以 1980 年为径流时间序列的分割点，水库建成前序列（1960~1980 年，共
21 年）和水库建成后序列（1981~2000 年，共 20 年）相差很小，也能够保证水
库建成前后径流均匀度时、空变化合理地比较。

与径流序列一致，将月降水时间序列也以 1980 年为分割点，分为前后两个
子序列。基于 Gini 系数分别描述降水、径流整体序列以及 1980 年前后序列多年
平均年内分配均匀度的空间分布（图 7-4）。从图 7-4 中可以看出，我国降水年内
分配 Gini 系数由西北到东南依次递减，年内分配均匀度依次增加，其中珠江流域、
长江流域及东南诸河降水年内分配均匀度最高[图 7-4（a）~（c）]。我国径流整
体序列多年平均年内分配 Gini 系数地理分布由东北向东南依次递减，年内分配均
匀度依次增加[图 7-4（d）]。一般来讲，降水年内分配越均匀，径流年内分配也
应该趋向于均匀。但是与降水空间分布相比较，黄河流域及松花江流域一部径流
年内分配 Gini 系数明显低于降水年内分配 Gini 系数[图 7-4（a）、（d）]，黄河流
域和松花江流域一部径流年内分配应该在人类活动的干预下，改变了水资源原有
的时间分配。比较图 7-4（b）、（c），可以看出 1980 年前后两个子序列降水年内
分配 Gini 系数空间分布基本保持一致，变化较小，但是 1980 年前后径流序列年
内分配空间分布发生了明显变化[图 7-4（e）、（f）]。建库后（1980 年后）松花
江流域、辽河流域、淮河流域、海河流域、西南诸河、西北诸河等径流年内分配
基本和建库前保持一致，黄河流域、长江流域及珠江流域中下游径流年内分配 Gini
系数明显比建库前低，年内分配更加均匀[图 7-4（e）、（f）]。从大型水库分布情
况来看，黄河流域、长江流域及珠江流域大型水库占全国大型水库总量的一半以
上（总数 457 个中的 238 个），可见水库对这三个流域水资源年内分配产生了显著
的影响。

从年内分配 Gini 系数时间趋势来看（采用 MK 法），我国东北、西北及东南
地区降水整体序列年内分配 Gini 系数呈下降趋势，其中长江流域和西南诸河上游
呈显著下降趋势；黄河流域、长江流域中下游及珠江流域中部地区降水年内分配
Gini 系数呈上升趋势，但是均不具有显著性[图 7-5（a）]。相比降水，径流整体
序列年内分配 Gini 系数时间趋势的空间差异性较大[图 7-5（b）]。松花江流域、
黄河流域和珠江流域部分零散地区径流整体序列年内分配 Gini 系数呈上升趋势，
其他地区均呈下降趋势，其中长江流域、东南诸河呈显著下降趋势[图 7-5（b）]。
长江流域、黄河流域及东南诸河降水和径流年内分配 Gini 系数时间趋势却呈现出
相反的变化，降水年内分配差异在增加，径流年内分配差异在降低，甚至显著降
低[图 7-5（a）、（b）]。比较 1980 年前后降水年内分配 Gini 系数时间趋势，
地理分布已经发生了较大变化[图 7-5（c）、（d）]。1980 年后，降水年内分配
Gini 系数呈增加趋势的范围在增加，并且地理位置也发生了变化。Gini 系数呈
增加趋势的范围由 1980 年前的集中在我国中部地区向西北、东南及南部地区转

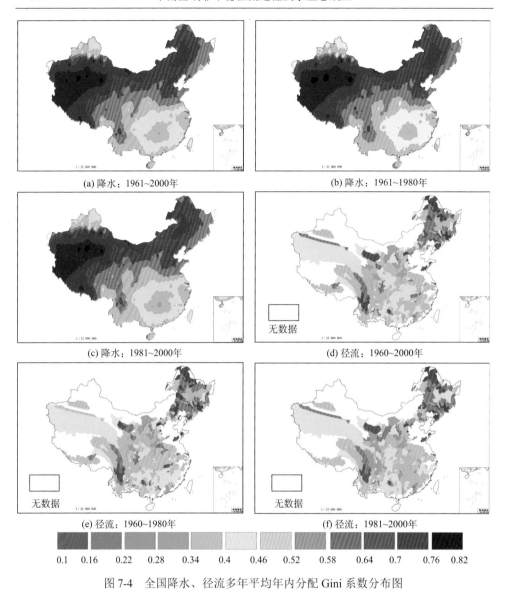

(a) 降水：1961~2000年　　　　　　　(b) 降水：1961~1980年

(c) 降水：1981~2000年　　　　　　　(d) 径流：1960~2000年

(e) 径流：1960~1980年　　　　　　　(f) 径流：1981~2000年

0.1　0.16　0.22　0.28　0.34　0.4　0.46　0.52　0.58　0.64　0.7　0.76　0.82

图 7-4　全国降水、径流多年平均年内分配 Gini 系数分布图

移[图 7-5（c）、（d）]。而径流年内分配 Gini 系数时间趋势与降水在范围及方向上表现不一致。1980 年后径流年内分配 Gini 系数时间趋势呈增加趋势的范围在减小，下降趋势的范围在增加。长江流域和黄河流域大部分地区在 1980 年后径流年内分配 Gini 系数由上升趋势均转为下降趋势或显著下降趋势；珠江流域大部分地区在 1980 年后径流年内分配 Gini 系数由显著上升趋势转为上升趋势[图 7-5（e）、（f）]。降水和径流年内分配 Gini 系数时间趋势上的相反变化，表明人类活动对水资源时间分配上的干预越来越强。

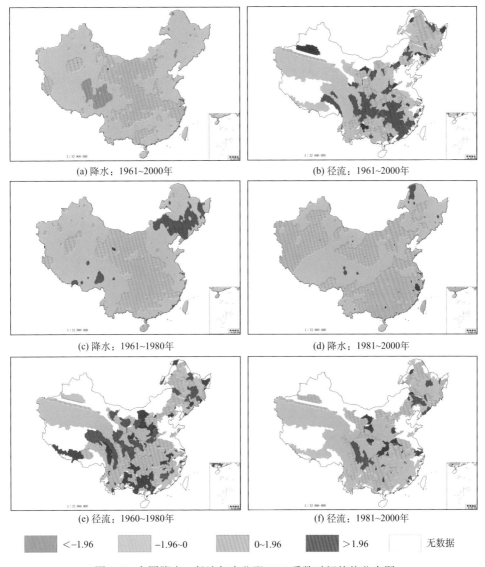

(a) 降水：1961~2000年　　　　　　　　　(b) 径流：1961~2000年

(c) 降水：1961~1980年　　　　　　　　　(d) 降水：1981~2000年

(e) 径流：1960~1980年　　　　　　　　　(f) 径流：1981~2000年

| ▨ <−1.96 | ▨ −1.96~0 | ▨ 0~1.96 | ▨ >1.96 | □ 无数据 |

图 7-5　全国降水、径流年内分配 Gini 系数时间趋势分布图

7.3.2　空间均匀度变化

　　基于 ANOSIM 法分析各水文区域内降水和径流空间均匀度的变化（表 7-4、表 7-5）。从表 7-4 中可以看出，1980 年前后几乎所有水文区域（NWR 由于降水多为 0 值，ANOSIM 不能计算相应的空间相似性）内降水均具有空间相似性（均匀度）。长江流域、西南诸河、辽河流域等 $\overline{R}$ 值较大，均达到 0.05 的显著性水平，

降水空间分布均匀度较高；黄河流域、海河流域等 $\overline{R}$ 值较小，均没有达到 0.05 的显著性水平，降水空间分布均匀度较低。比较 1980 年前后降水空间分布均匀度的变化，大部分流域（除黄河流域及东南诸河外），1980 年后 $\overline{R}$ 值均小于 1980 年前，降水空间分布均匀度在减小，差异性在增加。但是 1980 年前后全国所有水文区域的 $\overline{R}$ 并没有显著变化（单侧 t 检验统计值 t_9=0.36，P>0.5）。

表 7-4　全国各水文区域降水均匀性 ANOSIM 检测结果

流域	1980 年前 $\overline{R}$	1980 年前 $\overline{p}$	1980 年后 $\overline{R}$	1980 年后 $\overline{p}$
SHR	0.212	0.010	0.197	0.013
LR	0.314	0.002	0.278	0.005
HR	0.194	0.059	0.183	0.097
HuR	0.303	0.025	0.292	0.023
YTR	0.416	0.001	0.370	0.001
SWR	0.384	0.028	0.370	0.017
SER	0.213	0.093	0.274	0.047
PR	0.285	0.001	0.267	0.001
NWR	—	—	—	—
YR	0.163	0.061	0.178	0.007
单侧 t 检验		统计值 t_9=0.36，P>0.5		

表 7-5　全国各水文区域径流均匀性 ANOSIM 检测结果

流域	1980 年前 $\overline{R}$	1980 年前 $\overline{p}$	1980 年后 $\overline{R}$	1980 年后 $\overline{p}$
SHR	0.160	0.019	0.257	0.018
LR	0.160	0.074	0.285	0.009
HR	0.039	0.339	0.182	0.021
HuR	0.278	0.102	0.358	0.041
YTR	0.247	0.038	0.359	0.005
SWR	0.168	0.127	0.254	0.049
SER	0.206	0.172	0.255	0.128
PR	0.419	0.001	0.482	0.001
NWR	0.471	0.011	0.629	0.003
YR	0.173	0.035	0.249	0.013
单侧 t 检验		统计值 t_9=2.33，P<0.05		

全国 10 个水文区域 1980 年前、后径流的 $\overline{R}$ 值均大于 0，均存在不同程度的空间均匀度（表 7-5）。珠江流域、西北诸河及长江流域等 $\overline{R}$ 值较大，均达到 0.05

显著性水平，径流空间分布均匀度较高；淮河流域、海河流域、东南诸河及西南诸河等则相反（表 7-5）。比较 1980 年前后径流空间均匀度发现，1980 年后所有流域的 $\bar{R}$ 值均高于 1980 年前，$\bar{R}$ 值的差异性是显著的(单侧 t 检验统计值 $t_9 = 2.33$，$P < 0.05$)，径流空间均匀度显著增加，差异性显著减小（表 7-5）。比较表 7-4 和表 7-5 发现，1980 年前后降水空间均匀度是在减小的，径流空间均匀度却在显著增加，可见人类活动（水库、大坝等）已经显著改变了水资源的空间分布，使水资源的空间分布差异性趋于均匀。

图 7-6 描述了水文区域之间径流机制的相似性情况。从图 7-6 可以看出相邻水文区域的降水和径流空间差异性反而较大，地理相隔较远的地区空间差异性反而较小。对于降水，1980 年前后，位于中国北部的松花江流域、辽河流域、海河流域、黄河流域与位于中国南部的东南诸河及珠江流域具有较高的空间相似性；对于径流，1980 年前后，位于中国北部的松花江流域与位于中国南部的长江流域、珠江流域具有较高的空间相关性。并且水文区域内部降水或径流体现出了较高的空间相似性，与其他水文区域的区域间空间相似性也较高，如上述的松花江流域、辽河流域（降水）、长江流域、珠江流域（径流）等。而降水具有空间相似性的水文区域间径流并没有体现出相应的较高的空间相似性，反之亦然。通过比较各水文区域与其他水文区域间的平均 R（Mean R）值发现，1980 年前后，降水平均 R 值并没有发生较大变化，说明总体来讲，水文区域间降水空间相似性没有发生明显变化；1980 年后径流平均 R 值相较于 1980 年前大部分水文区域在增加（10 个中的 7 个），表明整体上径流水文区域间的差异性在减小，相似性在增加。

7.3.3 降水、径流特征变化

基于 14 个水文指标分析了水文区域内及水文区域之间的空间相似性。观察 14 个水文指标的具体变化，有助于分析具体哪些指标的变化引起了降水、径流空间相似性的改变（图 7-7）。对于降水，1980 年后相对于 1980 年前，大部分水文区域 CI、MIM、F/W、SU/F、SP/SU、W/SP 均在增加，表明最小月降水（MIM）在增加，最大与最小月降水的差距（CI）在减小，但是季节性降水总量差距（F/W、SU/F、SP/SU、W/SP）在增加；TMAX 变化比例较小，TMIM 则相反，表明最大月降水发生月份基本没有发生改变，最小月降水发生月份发生了较大改变。

14 个径流指标中，CI 改变比例最明显，几乎所有水文区域（除西北诸河）1980 年后 CI 和 MIM 值均明显增加，增加比例也明显高于降水 CI、MIM 值，MAM 变化较小。径流丰枯差异在显著减小，最小月径流显著增加，最大月径流变化较小。从最小和最大月径流出现月份（TMIM、TMAX）上看，最小月径流发生月份变化

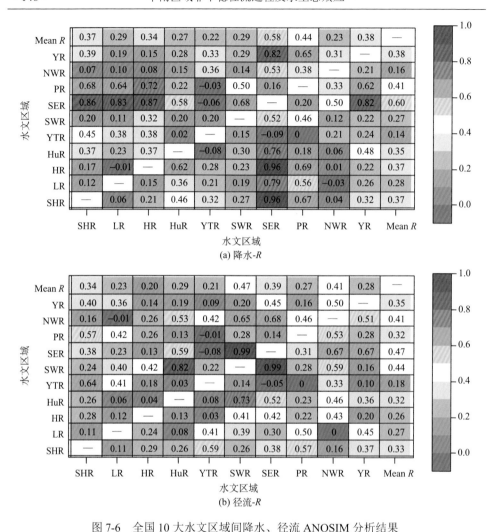

图 7-6 全国 10 大水文区域间降水、径流 ANOSIM 分析结果

左上角表示 1980 年前全国降水、径流水文区域间 ANOSIM 计算 R 值，右下角表示 1980 年后全国降水、径流水文区域间 ANOSIM 计算 R 值

较大，大部分水文区域最小月径流呈正值改变，发生月份在推后，最大月径流发生时间变化较小。就季节性径流量差距而言，大部分流域 W/SP、SP/SU 变化较大，均在增加，相应的 W、SP 变化也较大，也均在增加，SU 变化较小。这表明冬季、春季径流在增加，冬季和春季、春季和夏季径流之间的差距在缩小。由于大部分水文区域间径流量级及季节性之间的差距均朝着均匀的方向变化，导致水文区域间也具有较大的均匀度。降水指标的改变对径流机制的变化也做出了贡献，人类活动也是引起这种改变的重要原因。

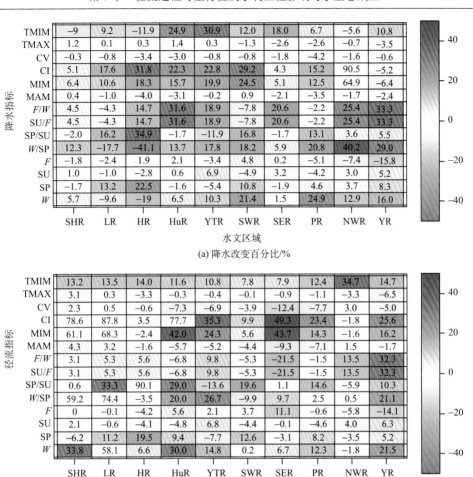

图 7-7　全国降水、径流 1980 年后相对于 1980 前 14 个指标的改变量

图 7-8 给出了 14 个降水指标 1980 年后相对于 1980 年前改变比例的空间分布情况。分析降水指标的空间变化，有助于了解径流机制的空间变化情况。从图 7-8 中可以看出，中国中部地区、松花江流域、长江流域、珠江流域及东南诸河冬季降水均有不同程度的增加[图 7-8（a）]；西北诸河、西南诸河、黄河流域、淮河流域及海河流域春季降水也在增加[图 7-8（b）]，夏季和秋季降水增加或减小幅度有限，其变化范围较小[图 7-8（c）、（d）]。冬季及春季降水的增加导致全国大部分地区（除海河流域和辽河流域）冬季和春季降水之间的差距在显著减小[图 7-8（e）]，冬季和秋季降水之间的差距也在显著减小[图 7-8（h）]；西北诸河、珠江流域及黄河流域、淮河流域、海河流域和辽河流域春季和夏季降水之间的差距也在减小[图 7-8（f）]；夏季和秋季大部分地区降水增加和减小地区的不一致，

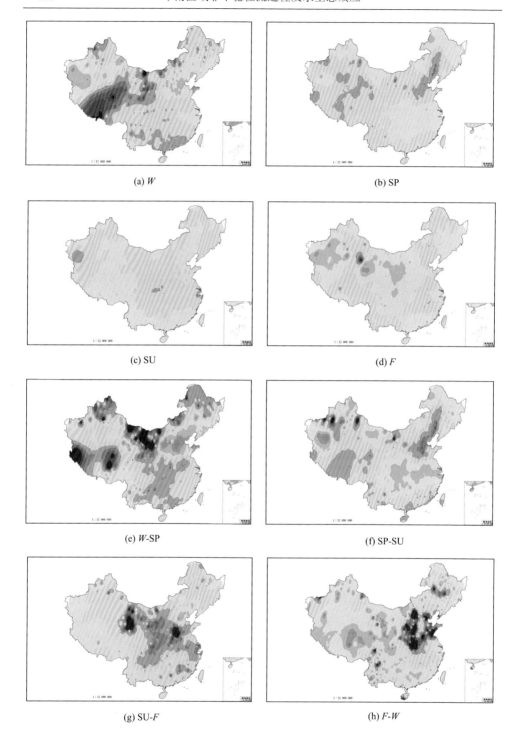

(a) *W*

(b) SP

(c) SU

(d) *F*

(e) *W*-SP

(f) SP-SU

(g) SU-*F*

(h) *F*-*W*

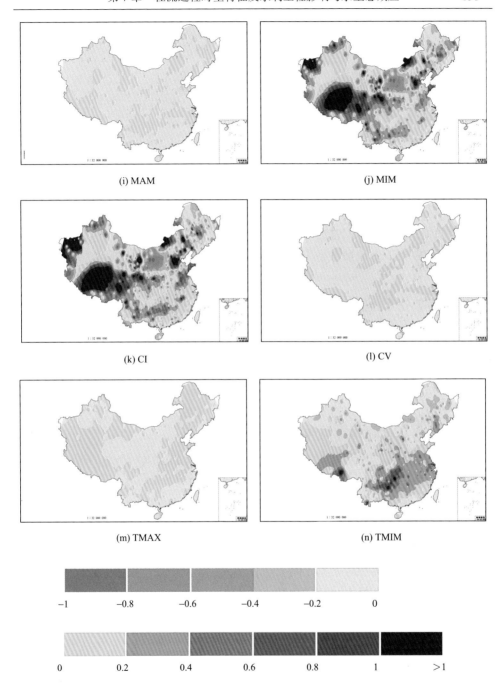

图 7-8　降水指标 1980 年后相对于 1980 年前改变量的空间分布图

导致全国大部分地区夏季和秋季降水的差距在不断增加[图7-8（c）、（d）、（g）]。全国最大月降水量级和发生时间上变化较小[图7-8（i）、（m）]，最小月降水量级和时间有显著变化，西北诸河、西南诸河、珠江流域、长江流域、淮河流域、海河流域及辽河流域等均有较大幅度增加[图7-8（j）、（n）]。最大和最小月降水的变化也导致了大部分地区（除黄河流域等地区）间的差距在减小[图7-8（k）]。

就径流变化特征来看，冬季径流增加明显，除西北诸河外，全国其他地区均有不同程度的增加，其中松花江流域、辽河流域、海河流域、黄河流域、淮河流域及长江流域中下游增加明显[图7-9（a）]。春季、夏季及秋季径流变化幅度相比冬季较小，珠江流域、黄河流域及辽河流域春季径流增加，长江流域中部和黄河流域北部夏季径流增加，长江流域中下游及松花江流域部分区域秋季径流增加[图7-9（b）~（d）]。冬季径流的显著增加，导致全国大部分地区冬季和春季径流、冬季和秋季径流之间差距显著减小[图7-9（e）、（h）]。长江流域中下游春季和夏季径流差距增加，珠江流域和辽河流域差距减小[图7-9（f）]。长江流域中上游、黄河流域夏季和秋季径流差距增加[图7-9（g）]。最大月径流量级和发生月份在全国范围内变化较小[图7-9（i）、（m）]，相反最小月径流量和发生月份在全国范围内变化较大，主要集中在长江流域、黄河流域及珠江流域和东北地区[图7-9（j）、（n）]。最小月径流的增加，导致全国大部分地区最大和最小月径流的差距减小，径流分布更加均匀[图7-9（k）]。

径流机制的变化受到降水的直接影响。例如，全国大范围地区冬季径流的增加，与相应冬季降水的增加密不可分，但是从增加程度和分布范围上，降水和径流的改变并不完全一致：长江流域中下游、松花江流域冬季径流增加幅度要高于降水增加幅度，黄河流域中下游、海河流域及淮河流域冬季径流在增加而降水在减小。最大月降水和最大月径流量在量级和时间上均没有发生较大变化，最小月降水和最小月径流量在量级和时间上均有较大变化。与冬季降水、径流变化情况相似，最小月降水和最小月径流量在变化的程度及改变范围上也并不完全一致。长江流域、辽河流域最小月径流增加比例要高于降水，而松花江流域、黄河流域最小月径流在增加，而降水在减小。上述情况表明，降水特征的变化造成了水文区域径流机制的改变，但是人类活动对水文过程的干预加深了降水引起的水文变化或反向改变降水可能带来的径流特征的变化。

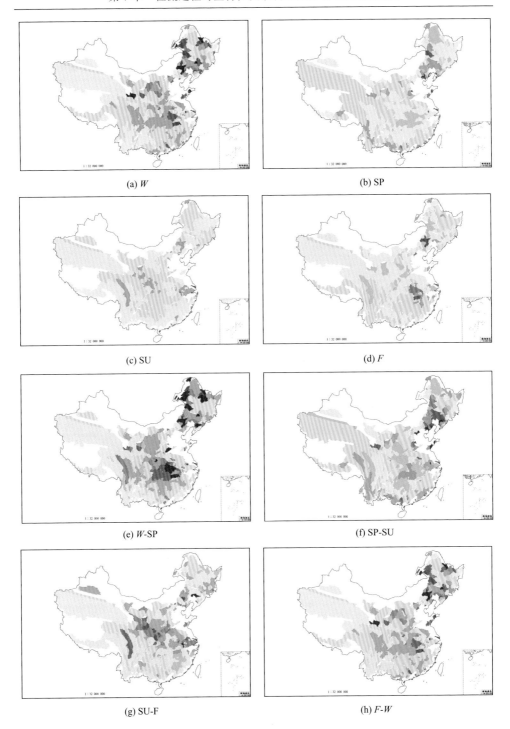

(a) *W*

(b) SP

(c) SU

(d) *F*

(e) *W*-SP

(f) SP-SU

(g) SU-F

(h) *F-W*

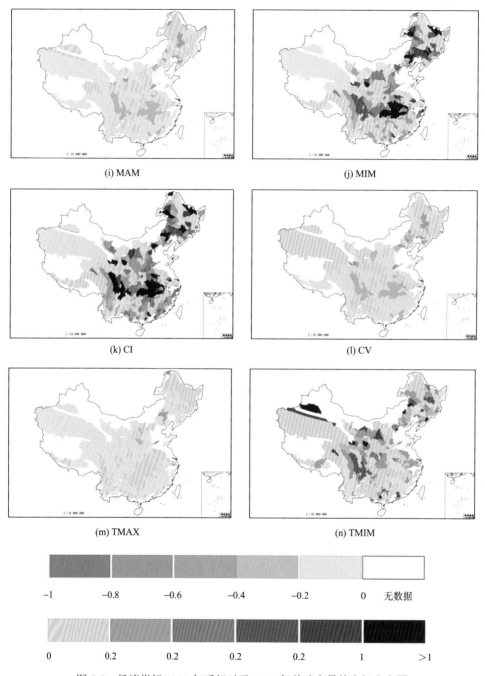

图 7-9　径流指标 1980 年后相对于 1980 年前改变量的空间分布图

7.4 河流流态时空特征及其对水生物多样性的影响

7.4.1 生态径流指标

图 7-10 展示了建库前和建库后的年和季节历年 FDC 散点分布特征。分析建库前后 FDC 的变化有助于下文分析由 FDC 算出的生态指标的变化特征。对于年和季节 FDC，建库后高流量部分要比建库前低一个量级，低流量部分要比建库前高一个量级。因此建库后生态剩余往往由低流量部分高于 75%FDC 产生，高流量部分往往处于合理的生态径流保护范围（25%~75%FDC）；建库后生态赤字则相反，由高流量部分低于 25%FDC 产生，低流量部分往往处于合理的生态径流保护范围（25%~75%FDC）。

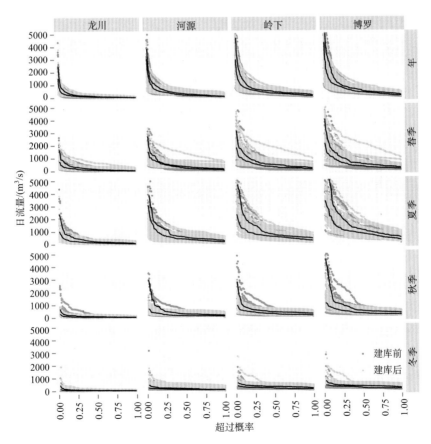

图 7-10　建库前和建库后历年 FDC 散点图

图中两条黑色曲线由上到下依次表示 75%和 25%FDC 曲线

　　图 7-10 中还可以看出年和夏季 FDC 在建库前后 FDC 分布的范围较一致，建库后高流量和低流量能较好地覆盖建库前高流量和低流量出现区域。然后对于春、秋及冬季，建库前后高流量和低流量出现范围具有较大差别，尤其以秋季和冬季最为明显。秋季和冬季建库后高流量量级和次数明显降低，低流量量级和次数明显增加，这必然导致秋季和冬季由低流量引起的生态剩余的增加，生态赤字的减小。由 FDC 的变化可以初步判断出水库对年和季节生态指标的影响，然而生态指标的变化特征还受降水的影响（图 7-11、图 7-12）。

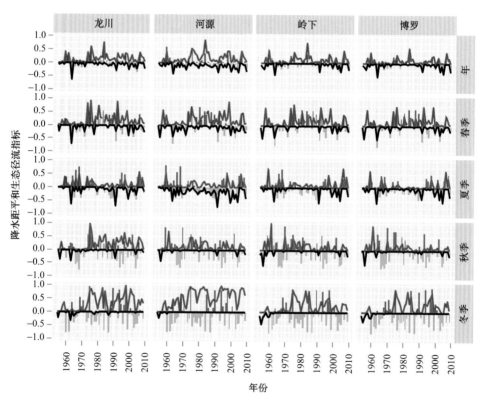

图 7-11　生态径流指标与降水距平百分率的时间变化

红色和绿色条形为降水距平百分率，蓝色曲线为生态剩余，黑色曲线为生态赤字

　　图 7-11 展示了通过年 FDC 和季节 FDC 得到的年和季节生态径流指标（生态剩余和生态赤字）及 1959~2009 年年和季节降水距平的时间变化特征。从年尺度来看，年生态剩余的时间变化与降水距平较为一致，受水库影响较小。降水增加导致年高流量增加，年 FDC 超过 75%分位数线的部分增加，生态剩余上升。整个东江流域 20 世纪 70 年代中期到 80 年代中期，降水明显增加，生态剩余较为明显，80 年代中期之后，降水下降，生态剩余也呈下降趋势。相比年生态剩余，年生

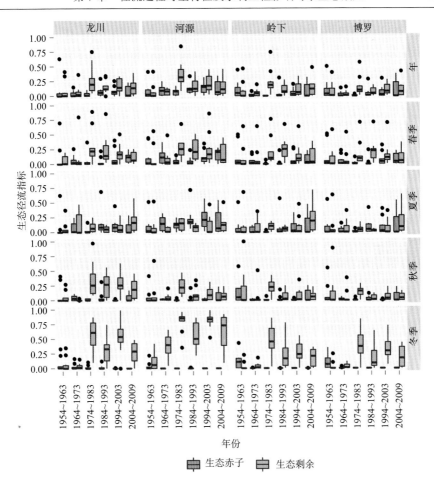

图 7-12 年和季节生态径流指标 10 年年际间变化箱型图

态赤字与降水距平并不完全一致，水库对年生态剩余的影响较大。降水减少，导致年低流量减少，年 FDC 低于 25%分位数线的部分增加，生态赤字上升。年生态赤字与降水距平较一致的时间段集中在 1959~1965 年、1990~2009 年两个时间段。这两个时间段，降水明显减少，生态赤字同时明显增加。但是对于龙川、岭下和博罗三站，1974~1985 年生态赤字的变化并未完全体现出降水的减少程度，这段时间由于枫树坝和新丰江两座大型水库的调蓄作用，年低流量的减少程度减缓了。

相比年生态径流指标变化，季节生态径流指标时间变化差异性较为明显，并且变化幅度较大，稳定性较小。季节生态剩余和生态赤字与降水距平的时间变化一致性较小，水库的影响更加明显（图 7-11）。在四个季节中，夏季生态径流指标与降水距平具有更好的一致性。1959~1970 年及 1995~2009 年夏季降水增加，生态剩余上升；1971~1995 年夏季降水减少，生态赤字上升。但是对于河源站，

1962~1970 年夏季降水明显增加，生态剩余却呈显著下降趋势，新丰江水库的建成对河源站高流量有显著的影响。春季生态剩余以 1970 年为界限分为两个时期，1970 年前降水较少，生态剩余较小，1970 年之后，降水明显增加，生态剩余也在高位震荡，到 2000 年后，随着春季降水的再次减小，趋于降低。相比春季和夏季，枯水期秋季和冬季，东江流域生态指标受到水库的显著影响，降水的影响受到极大的削弱。龙川站秋季 1974 年之前降水较少，生态剩余稳定在 0 附近，1974 年之后，由于秋季降水的增加，生态剩余明显上升；相比生态剩余，龙川站生态赤字 1974 年后一直稳定在 0 附近，尤其是 1990 年后降水明显减少，生态赤字并没有相应增加，枫树坝水库显著影响了龙川站的秋季低流量。河源、岭下和博罗三站在 1962 年之后，不管降水如何变化，生态赤字一直稳定在 0 附近，新丰江水库对保持秋季低流量在较高的水平具有重要的作用；由于降水的减少，加上枫树坝和新丰江两座水库的调节作用，生态剩余在 1974 年之后呈稳定下降趋势。冬季生态赤字在水库的影响下基本稳定为 0；相反生态剩余在水库的影响下，龙川和河源两站明显增加，呈高位震荡。冬季径流在水库的影响下，高流量和低流量，相比天然状态下，均有明显升高。

　　图 7-12 展示了年和季节生态径流指标的 10 年统计变化特征。四个站点年生态剩余均表现为 1974 年之前处于较低水平，1974 年之后突然增加；年生态赤字变化幅度相比年生态剩余较小，龙川和河源两站年生态赤字呈缓慢增加趋势，岭下和河源两站 1964~1993 年生态赤字维持在 0 值附近，1994~2009 年显著增加。四个站点春季生态剩余 10 年统计中值呈现规律的抛物线形：1954~1983 年呈增加趋势，1983~2009 年呈下降趋势；河源站春季生态赤字 1954~1983 呈现"低—高—低"的循环，然后在最近的 20 年呈增加趋势，表明河源站丰水期径流有一个 10 年的周期，在 1980 年之后呈增加趋势；龙川、岭下和博罗三站在 1990 年之前春季生态赤字一直维持在稳定的低水平，然后在近 20 年呈突然增加趋势。夏季是所有季节中生态赤字超过或等于生态剩余的季节。丰水时期，由于水库的蓄水等作用，夏季反而生态赤字远远比秋季和冬季大，应该更多地引起警惕。夏季生态赤字十年际变化一直呈上升趋势，尤其是近 20 年增加最明显；相比生态赤字，夏季生态剩余一直稳定在较低水平，变化较小。秋季和冬季生态赤字几乎为 0。1974 年之后，秋季生态剩余突然升高然后呈逐渐下降趋势，冬季生态剩余在突然升高之后，维持在高位震荡。天然径流状态下，一般来讲丰水期（夏季）易出现生态剩余，枯水期（秋季、冬季）易出现生态赤字，但是图 7-11 中却呈现出完全相反的现象。这表明：受水库的影响，东江流域天然状态下的生态径流机制受到严重的影响。

7.4.2　水文过程变异程度评价

　　详细分析具体的水文指标建库前后的变化特征，有助于详细了解生态机制的改变特征（表 7-6）。1~12 月平均流量均在增加，增加比例最高达到 182%，说明全年径流量增加，年生态剩余增加（图 7-12）。枯水期秋季（9~11月）、冬季（12~2月）径流显著增加，大部分月份增加比例均达到 50% 以上，岭下站最高达到 182%，引起枯水期生态剩余显著增加（图 7-12）。最大 1 日、3 日、7 日、30 日、90 日流量一般出现在丰水期（夏季），均在减小，其中最大 30 日减小明显，减小比例均在 20% 以上，引起夏季生态赤字增加（图 7-12）。最小 1 日、3 日、7 日、30日、90 日流量一般出现在枯水期（冬季），相比相应的最大流量，均在增加，并且增加幅度远大于最大流量增加幅度，岭下和博罗两站均在 50% 以上，最大达到163%，龙川和河源两站大部分也在 50% 以上，最大达到 87.7%，这和冬季 FDC曲线顶部下移、尾部上升一致（图 7-10），同时和冬季生态剩余增加吻合（图 7-4）。最大日流量的出现时间没有发现明显变化，相比之下，最小日流量的出现时间，明显提前，改变比例均超过 40%，最高达到 73.1%，极端流量出现时间的改变将对河流生态系统产生显著影响。另外从表 7-6 中可以看出低流量持续时间和高流量持续时间均在减少，其中低流量持续时间减少最显著，减小比例最低达到37.5%，最高达到 73.1%，表明建库后径流变得更稳定。

表 7-6　水库建成前后水文序列 IHA32 参数均值变化百分比

IHA 参数	水库建成前后序列均值变化比例/%			
	龙川	河源	岭下	博罗
4 月	107.1	67.7	64.7	47.9
5 月	56.1	40.3	4.1	22.0
6 月	20.1	15.7	16.6	4.8
7 月	94.5	48.0	52.6	25.5
8 月	77.9	36.0	36.7	15.2
9 月	77.1	46.6	42.4	31.8
10 月	77.0	35.4	78.9	36.9
11 月	100.9	29.9	91.6	30.0
12 月	112.2	51.3	169.0	53.9
1 月	101.7	75.6	182.0	55.2
2 月	73.2	60.0	103.8	33.5
3 月	161.0	70.0	110.7	71.5
最小 1 日	12.6	90.0	144.1	121.0
最小 3 日	32.6	90.8	104.6	90.8
最小 7 日	65.0	103.3	116.6	96.1
最小 30 日	82.4	65.4	163.3	56.7

IHA 参数	水库建成前后序列均值变化比例/%			
	龙川	河源	岭下	博罗
最小 90 日	**87.7**	**54.5**	148.6	50.5
最大 1 日	−39.2	−26.7	−39.9	−9.2
最大 3 日	−40.5	−29.5	−47.4	−11.4
最大 7 日	−31.7	−21.7	−43.5	−13.8
最大 30 日	**−20.1**	**−23.6**	**−38.4**	**−23.1**
最大 90 日	−2.9	7.7	−14.2	2.4
基流指标	25.9	53.2	104.8	88.3
最小流量的日期	**−42.4**	**−55.8**	**−73.1**	**−63.1**
最大流量的日期	−0.3	2.6	−4.0	2.0
低脉冲数量	8.3	−70.0	−75.0	−66.7
低脉冲历时	**−71.4**	**−37.5**	**−73.3**	**−58.3**
高脉冲数量	23.1	10.0	29.2	11.1
高脉冲历时	−8.3	**−21.1**	**−25.0**	**−20.0**
上涨速率	28.8	23.1	2.8	−16.9
下降速率	143.6	52.2	80.5	56.0
涨落次数	106.4	38.3	96.6	45.5

注：加粗数字表示均值变化较为显著

　　D_0 和 DHRAM 用来衡量水文机制整体改变程度（表 7-7）。DHRAM 基于 IHA5 组 33 个参数，将每类参数的平均值和离差系数的变化程度分为三类（1 代表改变程度最低，3 代表改变程度最高），然后求出每类总的改变程度，进行总体评价，确定水文改变对河流生态系统造成的风险等级。从表 7-7 中可以看出，龙川站 IHA1 组、3 组、5 组（分别对应月径流、极端径流出现时间和径流改变频率）整体改变程度较大，达到中等及以上水平；河源站和岭下站 IHA1 组、3 组整体改变程度较大，博罗站仅 IHA 3 组整体改变程度较大，达到中等水平。DHRAM 将总体改变程度分为 5 级，1 级代表水文机制没有受到影响（生态系统无风险），5 级代表受到严重影响（生态系统有严重风险）。从 DHRAM 总体打分及评价结果来看，龙川和河源两站总得分均为 13 分，改变等级为 4 级——高风险影响；岭下和博罗两站总得分均为 9 分，改变等级为 3 级——中等风险影响。从 D_0 来看，龙川站水文机制改变程度最大，达到 58.48%，博罗站最小达到 52.47%。与 DHRAM 不同的是，河源站和岭下站水文机制改变程度几乎相等，均略高于 54%。尽管四站点之间 D_0 值差别较小，但是均在 50%以上，说明东江流域水文机制均较建库前有较大改变。D_0 值的另一个作用是可以作为水库调度中下游水文机制改变程度最小的调度目标，这在接下来的研究中继续进行。

表 7-7　水库建成前后水文改变的总体评价：**DHRAM** 和 D_0 结果

站点	IHA 分组	平均变化比例/%		影响点数		总点数	D_0 /%
		均值	离差系数	均值	离差系数		
龙川	1	88.2	28.6	3	0		
	2	40.1	50.9	0	0		
	3	21.4	116.2	2	3	13（4）	58.48
	4	27.8	74.0	0	2		
	5	92.9	55.8	2	1		
河源	1	79.4	34.3	3	1		
	2	87.8	29.0	1	0		
	3	38.5	18.7	3	0	13（4）	54.04
	4	50.6	127.6	1	3		
	5	59.9	28.3	1	0		
岭下	1	48.0	28.6	2	0		
	2	51.5	15.3	1	0		
	3	29.2	35.5	2	1	9（3）	54.32
	4	34.6	86.7	0	2		
	5	37.9	50.5	0	1		
博罗	1	35.7	33.3	1	1		
	2	51.2	23.6	1	0		
	3	32.5	21.7	2	0	9（3）	52.47
	4	39.0	121.4	1	2		
	5	39.5	52.4	0	1		

7.4.3　生态径流变化及其对生物多样性的影响

现已有 170 多个水文指标公开发表[8]，尽管 IHA 总结了 33 个水文指标[9]，但是与生态最相关的指标（ecologically relevant hydrologic indicators，ERHIs）的选择是关键的问题。本书采用 PCA 从 IHA33 个指标中选择出 ERHIs 然后做进一步的分析（表 7-8）。选择特征值大于 1 的主成分，保证结果中每个变量有更多的方差，共选择了七个主成分：PC1—PC7。在一个主成分下选择的多个指标，因为它们代表径流机制相同的方程成分，所以在选择的 ERHIs 中，很多指标有较高的相关性，如最小 7 日、最小 30 日和最小 90 日等。因此在明显具有相关性的指标中，只选择一个最高荷载的指标即最小 7 日流量。在四个站点中出现次数最多的指标被选为东江流域 ERHIs：最小 7 日流量（Min7）、最大 7 日流量（Max7）、最小流量的日期（Dmin）、最大流量的日期（Dmax）、高流量平均历时（high pulse count，HPC）。上述 ERHIs 与 Yang 等用 GP 筛选出的 6 个 ERHIs 基本吻合[27]，两者相差水文转变数量（number of reversals，RV）、Rrate（Rise rates），为了全面考虑，本书同样将 RV 和 Rrate 两个指标纳入 ERHIs 中分析（图 7-13）。

表 7-8　PCA 识别的 ERHIs

主成分	龙川	河源	岭下	博罗
PC1	12 月	1 月	最小 1 日	最小 1 日
	最小 7 日	最小 1 日	最小 30 日	最小 3 日
	最小 30 日	最小 3 日	**最小 7 日**	**最小 7 日**
	最小 90 日	**最小 7 日**	最小 30 日	最小 30 日
	—	最小 30 日	最小 90 日	最小 90 日
	—	最小 90 日	—	—
PC2	**最大 7 日**	最大 3 日	最大 3 日	**最大 7 日**
	—	**最大 7 日**	**最大 7 日**	最大 30 日
PC3	基流指标	上涨速率	高脉冲数量	**最大流量的日期**
PC4	低脉冲数量	**最大流量的日期**	最小流量的日期	高脉冲数量
PC5	最大流量的日期	7 月	涨落次数	**最小流量的日期**
PC6	**高脉冲数量**	高脉冲数量	低脉冲数量	低脉冲历时
PC7	7 月	**最小流量的日期**	**最大流量的日期**	3 月

注：加粗文字表示 PCA 识别的生态最相关的水文指标

图 7-13 展示了 ERHIs 随时间的变化。从图 7-13 中可以看出最小 7 日流量在 1974 年之后突然增加，然后维持在高位震荡。最大 7 日流量由 1974 年之前的高位震荡，突然减小，并且稳定在较低水平。最小日流量出现时间建库后序列震荡幅度明显增加，以岭下站和河源站最显著。最大日流量出现时间建库后序列较建库前更加稳定，震荡幅度显著减小。HPC 建库后均成缓慢震荡下降趋势。Rrate 建库后的变化很显著，均表现为突然下降，然后稳定在较低水平；RV 则相反，一直呈显著增加趋势。ERHIs 的变化特征必将引起总生态赤字和总生态剩余的变化（图 7-14）并且导致河道水生态系统生物多样性的变化，用香农指数（shannon index，SI）来表示（图 7-15）。

总季节生态剩余和总季节生态赤字就是分别将各季节生态剩余和生态赤字求和（图 7-14）。总季节生态剩余和生态赤字可以反映出季节尺度生态变化在年尺度的影响，从而和年尺度的生态多样性指标 SI 值对应。总季节生态剩余和生态赤字用局部加权多项式（Loess 函数）回归进行拟合，并给出了 95% 置信区间，

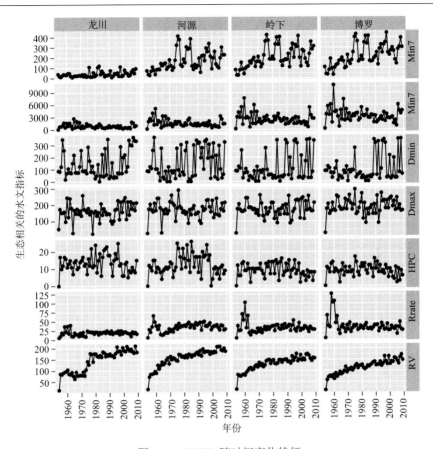

图 7-13　ERHIs 随时间变化特征

以判断其变化趋势（图 7-14）。从图 7-14 中可以看出，四个水文站点总季节生态剩余明显高于总季节生态赤字，并且总季节生态剩余和生态赤字均具有相似的变化特征。1980 年之前总季节生态剩余一直呈增加趋势，1980 年之后处于稳定状态。龙川站总季节生态赤字一直处于平稳状态，变化较小，河源、岭下和博罗三站总季节生态赤字 1974 年之前处于微弱的下降状态，1974 年之后反而处于缓慢的上升状态，其中夏季生态赤字的增加起到了关键的作用（图 7-11）。

图 7-15 给出了生物多样性指标 SI 的变化特征。从图 7-15 中可以看出，龙川、岭下和博罗三站 SI 值在 1974 年有一个明显的转折点：1974 年之前持续下降，1974 年之后缓慢上升，1990 年之后再缓慢下降。相比建库前，龙川、岭下和博罗三站 SI 值均在下降，生物多样性减小，水库对河流生态系统造成了显著影响。河源站 SI 值在水库建成后 20 世纪 90 年代呈显著下降趋势，生物多样性受到严重影响，这与河源站 90 年代降水显著下降有显著关系（图 7-11）。比较图 7-14 和图 7-15 知，建库后总季节生态剩余和生态赤字处于稳定性变化，SI 值也重新处于稳定状

态，说明建库后河流生态径流机制的重新平衡，对建库后的生物多样性重新处于平稳状态具有重要作用。

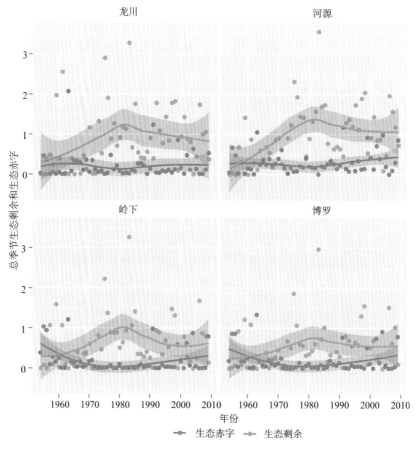

图 7-14　总季节生态剩余和总季节生态赤字的时间变化特征

图中阴影部分表示 Loess 拟合曲线的 95%置信区间

7.4.4　生态径流指标与 IHA32 指标比较

为了理解生态径流指标和 IHA32 指标之间的关系，IHA32 指标与各生态径流指标的相关关系如图 7-16 所示。大部分生态径流指标与 IHA32 指标具有很强的正或负的相关关系（图 7-16）。冬季月径流（12~2 月）与冬季、年、季节总生态剩余和总生态改变及 SI 具有很强的正相关关系。最小 1 日、3 日、7 日、30 日和 90 日流量几乎与各生态径流指标（除去夏季和秋季生态剩余及生态赤字）均有较强的正相关关系。相比不同历时的最小流量，最大 1 日、3 日、7 日、30 日和 90

日流量与各生态径流指标相关关系较弱。下降速率（fall rate，FR）和低脉冲历时（low pulse duration，LPD）与大部分生态径流指标具有较强的负相关关系。在所有的生态径流指标中，冬季、年及季节总生态剩余指标、秋季和冬季生态赤字、总生态改变及 SI 与 IHA32 指标具有较好的相关关系，能够较好地表达 IHA32 指标的信息。例如，冬季生态剩余增加，生态赤字减少，可以充分反映出冬季月径流增加、不同历时最小流量的增加等。在所有的生态径流指标中，夏季生态剩余和生态赤字与 IHA32 指标的相关关系最弱，表达 IHA32 指标的信息最少。通过以上分析可知，生态径流指标可以很好地反映出 IHA32 指标的信息，生态剩余和生态赤字可以给水文改变提供一个好的评价标准。生态剩余和生态赤字与 IHA32 指标的计算是相互独立的，同时生态剩余和生态赤字的应用能够有效地解决大量水文指标之间的冗余与相关关系，可以作为衡量水文改变的一个很好的指标[12,30]。

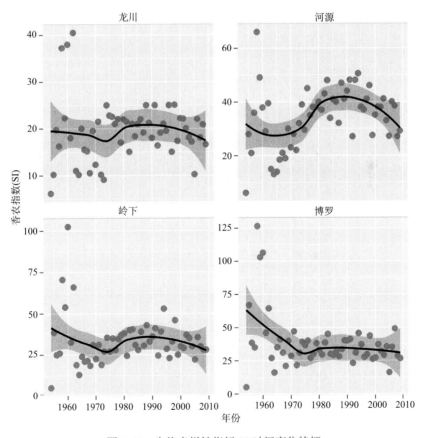

图 7-15 生物多样性指标 SI 时间变化特征

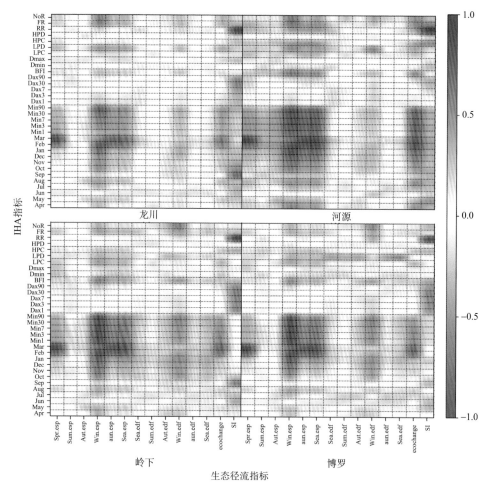

图 7-16 生态径流指标与 IHA32 指标相关系数

7.5 讨论与小结

7.5.1 讨论

河道流量量级、频率和时间对保持和恢复河道化学、物理和生物完整性具有重要作用。生态变化和水文变化在大小和程度上并不是相互独立的[3]。大量研究表明减少的径流量会引起生态和地貌的改变[3,28]。近些年来，全球变暖引起区域水循环发生变异，区域降水和径流在增加或减小[29]。气候变化对河道径流机制产生了额外的影响，人类通过建造大坝、水库等进行蓄水及取水，以满足工业、农业和生活需要，这直接改变了水的动态循环，亚洲和美国部分地区人类活动对水循环的影响甚至超过了中等变暖带来的影响[30]。过去几十年，中国水库建设数量也在显著增加，截止到 2011 年，已建大型水库 756 座，总库容 7499.85 亿 m³，中型水库 3938 座，总库容 1119.76 亿 m³，小型水库 93 308 座，总库容 703.51 亿 m³。另外，由于我国南北水资源分布不均匀，又相继开展了南水北调工程，局部地区也有相应的调水工程（如大连市南线、中线和北线三线调水工程），在区域内或跨流域改变了水资源的时空分布。

　　降水对径流的时间和空间分布起到了基本的作用。中国降水年内分配均匀度、北高南低的地理分布决定了径流年内分配均匀度的总体地理分布情况（图 7-4）。但是在受人类活动[如水库建造等（图 7-1）]影响剧烈的地区，如长江流域、黄河流域和珠江流域等，径流年内分配均匀度在程度上比 1980 年前明显增加[1980 年前后降水均匀度几无变化（图 7-4）]，在趋势上 1980 年后呈上升趋势[与 1980 年后降水相反（图 7-5）]。由水库等人类活动引起的年内径流分配趋于均匀化对生态必然造成一定的影响，据报道由于丹江口水库调水北上，汉江段水量减少，已经影响到了鱼类的产卵[31]。由于不同区域间的水库在各区域内同时发挥着削峰补枯、蓄水取水等作用，必然导致区域内及区域间径流机制趋向于均匀化，差异性减小。再加上跨流域间的调水和引水工程，使得流域间的水文特征也具有一定程度的相似性和均匀度，区域内和区域间水文特征差异性的减小对区域内和区域间水生态系统的多样性也会产生一定的影响。中国水资源时空分布不均匀，洪涝干旱灾害交替发生，为满足防洪抗旱和自身经济发展，需要建造水库等水利工程对水资源进行控制，但是如何在区域上平衡水资源时空分布均匀化对生态系统多样性带来的影响还需要进一步的研究。

7.5.2　小结

　　（1）中国降水年内分配均匀度从西北到东南依次增加，径流年内分配均匀度东北较高、东南较低。降水年内分配均匀度在 1980 年前后没有发生明显变化，径流年内分配均匀度在 1980 年前后无论是在分布范围还是在均匀度程度上均有较大变化，其中长江流域中下游、珠江流域中下游及黄河流域较为明显。

　　（2）中国东北、西北及东南地区降水整体序列年内分配 Gini 系数呈下降趋势，其中长江流域和西南诸河上游呈显著下降趋势，其他地区呈不显著上升趋势；径流整体序列年内分配均匀度在松花江流域、黄河流域和珠江流域部分零散地区呈上升趋势，其他地区均呈下降趋势，其中长江流域、东南诸河呈显著下降趋势。1980 年后，长江流域和黄河流域大部分地区降水年内分配均匀度趋势与径流正好相反，人类活动对水资源时间分配有着越来越强的干预。

　　（3）在各水文区域内，降水和径流均具有空间均匀度，但具有高度空间均匀度的区域，二者并不完全一致。1980 年前后，降水空间分布均匀度在减小，差异性在增加，但是没有达到显著性水平；径流空间分布均匀度在增加，差异性在减小，达到了显著性水平。人类活动对水资源空间分布的强力干预使水资源空间分布趋于均匀。

（4）各水文区域间，降水和径流也具有空间相似性。降水或径流具有较高空间均匀度的水文区域，与其他水文区域间也具有较高的空间相似性，如松花江流域、辽河流域、长江流域和珠江流域。1980 年前后，水文区域间降水相似性变化较小，径流相似性却在增加，径流特征差异性在减小。

（5）在 14 种降水和径流指标中，降水和径流特征变化在一定程度上具有一致性，但是在变化范围和程度上也有较大的差异性。全国大部分地区冬季降水和径流、最小月降水和径流量级及改变程度均在增加，但是长江流域径流增加的幅度要高于降水，黄河流域径流和降水变化方向却相反。降水特征的变化造成水文区域径流机制的改变，但是人类活动对水文过程的干预在加深或反向改变降水引起的水文变化。

（6）由于水库的影响，建库后高流量量级和次数明显降低，低流量量级和次数明显增加，导致 FDC 上端向下移动、尾部向上移动。FDC 的变化引起高流量部分低于 25%FDC，产生生态赤字，低流量部分高于 75%FDC，产生生态剩余。年生态剩余的时间变化与降水距平较为一致，受水库影响较少，年生态赤字则受水库影响较大。夏季生态剩余和生态赤字与降水的变化较为一致，其他季节则受水库的影响较大，尤其是秋季和冬季，建库后生态赤字几乎为 0，生态剩余显著增加。

（7）龙川和河源两站径流机制的变化对河流生态系统造成了高风险的影响，岭下和博罗两站则是中等风险（DHRAM 评价），龙川、河源、岭下和博罗四站点总体改变程度分别为 58.48%、54.04%、54.32%和 52.47%（D_0）。径流机制变化导致总季节生态剩余增加并维持在较高水平，进一步引起河流生物多样性下降，并维持在较低水平。

参 考 文 献

[1] Poff N L, Richter B D, Arthington A H, et al. The ecological limits of hydrologic alteration (ELOHA): a new framework for developing regional environmental flow standards. Freshwater Biology, 2010, 55(1): 147-170.

[2] Hart D D, Finelli C M. Physical-biological coupling in streams: the pervasive effects of flow on benthic organisms. Annual Review of Ecology and Systematics, 1999, 30(1): 363-395.

[3] Poff N L, Zimmerman J K H. Ecological responses to altered flow regimes: a literature review to inform the science and management of environmental flows. Freshwater Biology, 2010, 55(1): 194-205.

[4] Bunn S E, Arthington A H. Basic principles and ecological consequences of altered flow

regimes for aquatic biodiversity. Environmental Management, 2002, 30(4), 492-507.

[5] Barnett T P, Pierce D W, Hidalgo H G, et al. Human-induced changes in the hydrology of the western United States. Science, 2008, 319(5866):1080-1083.

[6] 孙振刚, 张岚, 段中德. 我国水库工程数量及分布. 中国水利, 2013, (7): 10-11.

[7] Poff N L, Olden J D, Merritt D M, et al. Homogenization of regional river dynamics by dams and global biodiversity implications. The National Academy of Sciences of the United States of America, 2007, 104(14): 5732-5737.

[8] Olden J D, Poff N L. Redundancy and the choice of hydrologic indices forcharacterizing streamflow regimes. River Research and Applications, 2010, 19(2): 101-121.

[9] Richter B D, Baumgartner J V, Powell J, et al. A method for assessing hydrologic alteration within ecosystems. Conservation Biology, 1996, 10(4): 1163-1174.

[10] Zhang Q, Xiao M, Liu C, et al. Reservoir-induced hydrological alterations and environmental flow variation in the East River, the Pearl River basin, China. Stochastic Environmental Research and Risk Assessment, 2014, 28(8): 2119-2131.

[11] Chen Y D, Yang T, Xu C Y, et al. Hydrologic alteration along the Middle and Upper East River (Dongjiang) basin, South China: a visually enhanced mining on the results of RVA method. Stochastic Environmental Research and Risk Assessment, 2010, 24(1): 9-18.

[12] Gao Y X, Vogel R M, Kroll CN, et al. Development of representative indicators of hydrologic alteration. Journal of Hydrology, 2009, 374(1/2): 136-147.

[13] Shiau J T, Wu, F C. Compromise programming methodology for determining instream flow under multiobjective water allocation criteria. Journal of the American Water Resources Association, 2006, 42(5): 1179-1191.

[14] Zhou Y, Zhang Q, Li K, et al. Hydrological effects of water reservoirs on hydrological processes in the East River (China) basin: complexity evaluations based on the multi-scale entropy analysis. Hydrological Processes, 2012, 26(21): 3253-3262.

[15] 张强, 崔瑛, 陈永勤. 水文变异条件下的东江流域生态径流研究. 自然资源学报, 2012, 27(5): 790-800.

[16] 李如忠, 舒琨. 基于基尼系数的水污染负荷分配模糊优化决策模型. 环境科学学报, 2010, 30(7): 1518-1526.

[17] 胡彩霞, 谢平, 许斌, 等. 基于基尼系数的水文年内分配均匀度变异分析方法——以东江流域龙川站径流序列为例. 水力发电学报, 2012, 31(6): 7-13.

[18] 叶琰, 马光文, 龙训建, 等. 金沙江下游及三峡梯级径流均匀度及突变性分析. 水力发电学报, 2014, 33(2): 41-44.

[19] Richter B D, Baumgartner J V, Wigington R, et al. How much water does a river need?. Fresh water Biology, 1997, 37(1):231-249.

[20] Matteau M, Assani A A, Mesfioui M. Application of multivariate statistical analysis methods to the dam hydrologic impact studies. Journal of Hydrology, 2009, 371(1-4): 120-128.

[21] Warton D I, Wright S T, Wang Y. Distance-based multivariate analyses confound location and dispersion effects. Methods in Ecology and Evolution, 2012, 3(1): 89-101.

[22] Vogel R M, Sieber J, Archfield S A, et al. Relations among storage, yield, and instream flow. Water Resources Research, 2007, 43(5): 909-918.

[23] The Nature Conservancy. Indicators of hydrological alteration version 7.1 user's manual:2009. http://www.conservationgateway.org/ConservationPractices/Freshwater/EnvironmentalFlows/ MethodsandTools/IndicatorsofHydrologicAlteration/Pages/IHA-Software-Download. aspx.

[24] Shiau J T. Wu F C. Pareto-optimal solutions for environmental flow schemes incorporating the intra-annual and interannual variability of the natural flow regime. Water Resources Research, 2007, 43(43): 813-816.

[25] Black A R, Rowan J S, Duck R W, et al. DHRAM: a method for classifying river flow regime alterations for the EC Water Framework Directive. Marine and Freshwater Ecosysutems, 2005, 15(5): 427-446.

[26] Kuo S R, Lin H J, Shao K T. Seasonal changes in abundance and composition of the fish assemblage in Chiku Lagoon, southwestern Taiwan. Bulletin of Marine Science, 2001, 68(1): 85-99.

[27] Yang Y C E, Cai X M, Herricks E E. Identification of hydrologic indicators related to fish diversity and abundance: a data mining approach for fish community analysis. Water Resources Research, 2008, 44(4): 472-479.

[28] Gao B, Yang D W, Zhao T T G, et al. Changes in the eco-flow metrics of the Upper Yangtze River from 1961 to 2008. Journal of Hydrology, 2012, 448-449(S448-449): 30-38.

[29] Milly P C D, Dunne K A, Vecchia A V. Global pattern of trends in streamflow and water availability in a changing climate. Nature, 2005, 438(7066): 347-350.

[30] Haddeland H, Heinke J, Biemans H, et al. Global water resources affected by human interventions and climate change. Proceedings of the National Academy of Sciences of the United States of America, 2014, 111(9): 6251-6256.

[31] 新京报. 江汉襄阳段水量减少, 鱼类不产卵. http://news.chengdu.cn/content/2014-07/28/ content_1492915.htm[2014-7-28].